成 长 也 是 一 种 美 好

11个男人对心理师说

[美] 布兰迪 · 恩格勒 (Brandy Engler)　[美] 戴维 · 兰森 (David Rensin) —— 著

李菲 —— 译

THE MEN ON MY COUCH

TRUE STORIES OF SEX,LOVE AND PSYCHOTHERAPY

人民邮电出版社

北京

图书在版编目（CIP）数据

11个男人对心理师说 / （美）布兰迪·恩格勒（Brandy Engler），（美）戴维·兰森（David Rensin）著；李菲译. -- 北京：人民邮电出版社，2021.4（2024.5重印）
ISBN 978-7-115-55316-4

Ⅰ. ①1… Ⅱ. ①布… ②戴… ③李… Ⅲ. ①男性－心理学－通俗读物 Ⅳ. ①B844.6-49

中国版本图书馆CIP数据核字(2020)第268363号

版权声明

◆著　[美] 布兰迪·恩格勒（Brandy Engler）
　　　[美] 戴维·兰森（David Rensin）
译　李 菲
责任编辑　陈素然
责任印制　周昇亮
◆人民邮电出版社出版发行　北京市丰台区成寿寺路 11 号
邮编 100164　电子邮件 315@ptpress.com.cn
网址 https://www.ptpress.com.cn
河北京平诚乾印刷有限公司印刷
◆开本：880×1230　1/32
印张：7.75　2021 年 4 月第 1 版
字数：200 千字　2024 年 5 月河北第 16 次印刷

著作权合同登记号　图字：01-2020-5377 号

定　价：59.80 元

读者服务热线：（010）67630125　印装质量热线：（010）81055316

反盗版热线：（010）81055315

广告经营许可证：京东市监广登字20170147号

本书的事件和对话都是根据真实人物的真实经历改编组合的，比如将几个患者的经历组合到一起，形成一个独特的案例。我隐去了所有患者的真实姓名和个人信息，而用另外的名字和信息代替，这样做是为了保护他们的隐私。书中提到的我的朋友，其名字和兴趣爱好也都不是真实的。

目录

引言

本书讲述的是我在探索男人对亲密关系的理解和看法之旅中的意外发现。在这段旅程中，我了解了男人们在欲望与爱情之间做选择时的想法和行为，这不仅让我感到惊讶，也改变了我对男人和自己的看法。

女人有很多种探索爱之真谛的方式，如去禅修中心、独自去荒野旅行、购买大量自助书籍、开始恋爱或健身……以此探索爱的真谛。

而我只要去诊疗室就好了。

几年前，作为一个新手临床心理医生，我终于实现了自己的梦想——在曼哈顿开一家私人诊所。那时似乎一切向好，对我最不利的就是，在这一行我还只是个“菜鸟”，缺乏实践经验。开诊所的人都知道，运营诊所需要建立客户群，而客户群不是一朝一夕就能建立的。所以，好几个同行都建议我不要急躁，可以先加入一个有名的医疗团队，类似医疗组织机构、大学心理辅导工作室或其他能够接收转诊病人的机构，通过这种方式逐步建立客户群。我仔细考虑了他们的建议，也认为先找一份稳定的工作，经济上才会有保障。

当时我刚刚在某知名医生那里完成两性情感治疗的专业培训，对这一行业充满了热忱。在布鲁克林医院实习时的指导教授却不看好我的选择。“情感咨询？你是在跟我开玩笑吗？”他说，“那已经过时了。现在社交网络这么发达，大家的选择那么多。旧的不去，新的不来，没有人会找心理医生做情感咨询。”

他给我提供了在该医院工作的机会，不过我已经下定决心，所以我在时代广场的中心地段挂起了自己的小招牌。我一点儿也不认为人们感情生活丰富，就不会再来我这儿。我的博士论文就是探讨女性生理与心理问题的，我想成为女性情感咨询方面的专家。

在我的预想中，建立客户群的过程会很缓慢。我在调研的时候了解到，因焦虑、抑郁或悲伤而感到难过时，女人比男人更愿意接受咨询或治疗，但她们性冷淡时却极少进行咨询，因为她们都认为，这样才正常。无论如何，我认为，只要在做我想做的工作，过程缓慢也无妨；而且，女人们大多很关注自己的情感，所以只要将招牌打出去，女人们最终会来的。

事实证明，我想错了。

很快就有人来咨询了。

不过，来的几乎都是男人。

男人？这跟我预想的完全不一样。几个月的时间内，来我这里咨询的男客户络绎不绝，他们有各种各样的情感问题：有的长期痴迷于与不同的女性搭讪，有的有性别认同障碍，有的有嫉妒心理，有的患有功能障碍，有的害怕亲密关系，有的没有欲望，还有的不明白爱的确切含义，等等。我以为，遇到情感问题时，男人不像女人那样会去进行心理咨询，但如果是身体器官方面遇到了问题，他们会去就医。

虽然我接受的专业训练的确包括这方面的内容，但进入这一行时，我的初衷并不是帮男人解答情感困惑，不过我想我是能够帮助他们的，于是我接受了这项挑战。我以为我会听到令我尴尬、难堪的故事，但我就像恐怖片里冷静而大胆的女主角，虽然知道会有惊悚的遭遇，但还是想壮胆前行。于是我鼓起勇气，准备迎接即将到来的任何挑战。

结果并没有令我失望。

本书会带你了解我的诊疗过程，去看我与患者们直白且大胆的诊疗对话，它们揭示了让男性在探索亲密关系时感到困惑的核心问题。你会以不引人注意的旁观者视角，窥探我的患者咨询的现代亲密关系弊病背后的真实情感以及他们的真实动机。与其他介绍男性的书不同，在本书中，你还会看到我对每个案例所做的职业反应和我个人对这些问题的态度。

我很快就发现了一条亘古不变的真理：感情不仅仅关涉爱和身体，感情是一种复杂的体验。虽然开始的时候我以为我解决的主要是亲密关系方面的问题，但很快我就发现，我要探索的是导致我的病人做出问题行为的心理问题。我开始深入了解他们养成问题行为习惯的原因。我发现，有的人会对最亲密的人发泄被压抑的情感或者排解无法控制的情绪；有的人想要重新体验并控制那些深藏在心中的旧日创伤；还有很多人用爱情弥补自己对权力、肯定、自我价值、安全感和情感的渴求。通常，我的病人们对自己行为动机的认识不够深刻，他们都希望通过亲密行为解决自己的问题，但结果都不尽如人意。

本书并不是要说明所有关于男人的问题我都知道答案，也不是在教导女人改变男人，以便获得完美的爱情，更不是要说那些行为、态度与我们社交习俗不符的男人都是坏蛋。对待本书提到的男人们时，我的态度是严苛的，我总会挑起他们的怒火，或让他们流泪。我这样做是出于对他们的关心，也是我这位倾听者的责任使然。所以，虽然有时候我私底下会认为我接待的这些男人是肤浅的、有道德缺陷的坏蛋，认为他们是不可救药的混蛋，但在本书里，我不能将男人们描述成那样。在本书中，我不会原谅他们做出的不好的行为，也不会替他们辩护；我不想让你们替他们感到遗憾，也不会劝你们原谅他们给你们造成的伤害；我想请你们见证这段探索男人对感情的心理动机的旅程，以及这些男人在这个过程中的发现和进步。

本书不是要告诉你们男人的想法和欲望，而是想让你们看一看，他们告诉了我什么。在本书中，我不仅记录了我作为心理医生对这些男人做出的专业分析，还记录了我作为一名女性对他们的言行做出的反应。本书不只是一系列案例分析，也记录了我自己的成长和探索之旅，它更是一本我在诊疗室里获得的经验教训的记录，而且我还说明了这些问诊经历对我自己的感情经历的影响。开始职业生涯后，我就陷入了一段时分时合的异地恋之中，跟我的病人们一样，我渴望爱，但又不明白爱的真谛。曾经在很长一段时间里，一提到爱，我都会幻想着跟恋人手牵手，一起在灿烂的阳光下奔跑、接吻的画面。当我跟男朋友拉米（化名）相恋时，我们的感情极不稳定，时而强烈、直接，时而冷淡、疏远，这些情况反复无常，无法预料。爱到深处时我们曾尽情缠绵，但也遭遇过信任危机。我们来自两个不同的世界，展开了一场激烈的拉锯战，而我总是犯错，总是失败。

经历过那段感情之后，我的经验因为我的工作而得到巩固，我也将这一段爱情带来的心得记录在本书里。有多少女人能在职业生活中从男性的视角探索亲密关系的问题呢？有多少女人是从男人那里了解男人的心理和想法的呢？又有多少女人能够真正了解她们从未真正明白的男人呢？毕竟，这样的女人不算太多。

起初，听男人谈感情的时候，我很难堪。某些诊疗过程也会让我感到茫然，因为对方告诉我的内容会令我疑惑不解，而我也会将这种不解带入我跟男友拉米的情感关系之中。

幸运的是，我最终认识到，我可以将与这些男人沟通交流后得到的经验应用到我的情感关系中，这也让我对爱有了更深入的了解。在这个过程中，我不断推翻我以前持有的、跟其他女人一样的、对男人的观念和看法，我发现这些看法都是片面的，比如“如果他爱我，他就不会骗我”“如果我瘦下来了，变漂亮、性感了，他就会来追求我”，等等。

我的一位闺密曾告诉我：“我觉得，我的男朋友不会骗我，他看上去对我很痴情，他愿意为我做任何事，给我洗车、为我做饭。跟我在一起他很开心。”

真希望她说的是真的。不过，本书的一些案例证明，跟女人相爱并不能保证男人在身体方面能保持忠贞，而他们的不忠也不意味着他们的爱不是真的，或者他们没有认真对待这段感情。

有的女人认为，男人只在乎身体，不需要爱情。我曾听一位闺密抱怨过很多次："他根本不爱我，只是想跟我睡觉。"是的，来我这里咨询的很多男人都会谈论自己不安分的身体。

但他们还是会说到爱情。

事实上，我发现，男人们的确想获得身体上的满足，但又不只满足于此。从这些男人的故事里我发现，他们做出的亲密行为背后，往往有更深层次的情感需求，而这种需求他们很难与自己的女性伴侣倾诉。所以，在本书中，我并没有控诉他们的过错，而是在探索他们内心的真正需求。

本书并不是临床诊治报告，也不是自助型书籍，本书既没有列长长的清单，也没有复杂的训练步骤，更没有什么励志的话语。我希望你们认真读一读书里的故事，从中汲取你们想要获知的经验，让你们对男人有自己独到的见解。我们都明白，爱情的问题并没有什么绝对准确的答案。所以，本书记载的只是我的探索之旅。我希望读者们能跟我一起踏上这段心理探索之旅。我希望本书能为读者们，尤其是女性读者们，提供关于亲密关系的全新视角，因为我跟我的闺密们说起这些的时候，总是会讨论男人们想要的究竟是什么。我们总想弄明白他们为什么会做出那样的行为，以及我们又该如何应对。

最后还要声明一点，虽然本书提到的男人各不相同，但他们有一个共性：他们既不是变态，也不是行为不轨的“禽兽”，他们就是平常的男人，来自世界各地，来自不同阶层，任何人的男友、丈夫、兄弟和朋友都可能跟他们一样。

他们是我们都认识的男人，也是女人们想要了解的男人。

戴维 |

我女朋友很好，可我还是喜欢搭讪

戴维是金融界一颗冉冉升起的新星，他的女朋友是职业模特。戴维在曼哈顿房价最贵的特里贝卡地区（运河街以南，百老汇以西的三角地带）有一套公寓。他个性率真、阳光，优雅有风度，待人有礼有节，很有绅士派头。他又高又瘦，像橄榄球运动员一样身强体壮。他身着昂贵的西服套装，走进我的办公室时，一派优雅淡定的样子，好像很明白自己想要什么，也知道该怎样争取自己想要的东西。他先瞥了一眼光线柔和的办公室，面露赞赏之色地欣赏着墙上的壁画，然后用他那色眯眯的眼光打量着我。

“啊，医生，你真漂亮。”他说，“我想我会喜欢跟你聊聊的。”

听到这话，我的脸一下子红了。听到这位英俊男士的赞扬之词，我既感到荣幸，又有点害怕，因为我总觉得他想通过性别区分我和他，以确定他自己的强势地位。他是我首批来访者里的一位，听到他对我的恭维，我还是很受用的。从之前的实习经历中我学会了应对病人的各种言语和行为，所以我知道如何对待他，而且我想着重了解他优雅外表之下的内心究竟是什么样的。他这一句开场白让我知道，他不喜欢以病人的姿态跟别人交流，尤其不喜欢跟我这样与他同龄的女人谈论感情问题。

我给了他一个温暖但不失职业性的微笑。“很高兴你喜欢跟漂亮的女人打交道。”我用他自己说的话回复了他，然后指向沙发，“请坐。”

戴维坐到了沙发上，手抚过沙发光滑的黑色皮革表面。他身体前倾，双腿打开，双臂也张开，眼睛则不断地打量我。当他看向我的双眼时，我也迎上了他的目光。这显然就像棋局一样，他一开局就发动攻势，刺激我做出防守。

虽然他在挑逗我，但我并不觉得这种挑逗很有吸引力。他的眼睛缺乏神采，所以并没有什么魅力可言。他的优雅似乎是装出来的，而他精致的面容也因为太过完美而让人觉得不真实。是的，俊美的容貌的确能够吸引女人的目光，但女人更在意自己的美貌。

戴维适应环境之后，我问他想咨询什么。我本以为他还会轻浮地再调笑一句，不料这次他的反应很正常。“我不知道自己能不能够爱别人。”他轻声说，“我觉得我根本不知道爱是什么。说真的，爱究竟是什么，你能告诉我吗？”

戴维的语气听起来急切而真诚，他看向我的眼神也充满期待。我没回答他——有点措手不及，我根本不知道该怎么回答这个看似简单，但难以回答的问题。什么是爱？

有时候，病人们会觉得心理医生是解开他们生活难题的智者，心理医生能回答这样的问题，例如，我们死后会怎么样？这世上真的有灵魂伴侣吗？但事实上，心理医生没这么伟大。心理医生观察患者的行为，引导他们回答问题，倾听他们的心声，判断他们的行为动机，然后引导他们找到合适的解决办法，并敢于承担相应的责任和后果。解释生命的含义、爱的含义的任务更适合留给乐于向人们阐述自己的见解和发现的精神导师、生物学家及哲学家。

所以，我决定以提问的方式引导他自己探索答案。我问他，在探索爱情的道路上，他关注的究竟是什么。

“我女朋友真的很漂亮，”他说，“她个头很高，一头金发，身材高大，有结实的腹肌。我也不知道为什么，我竟然背叛了她。我实在控制不住自己。她晚上出去工作，我就跟朋友们去喝酒，期间我们会比赛搭讪别的女人，收集她们的电话号码。谁收集的电话号码多，谁就赢了。”

作为一个年轻的女人和新手心理医生，他的话让我觉得很反感，这种反感从腹部上涌到胸腔里。这样一个花花公子、情场老手，对自己出轨的事情不以为意，对女人贪得无厌。对任何女人而言，他都是个令人恐惧的恶魔。而如今这样的人可怜兮兮地坐在我面前，请求我的帮助。很快，我心里就开始看不起他了，不过我精心将这种心态隐藏起来，不带任何偏见地向他提问。

“收集电话号码？”

“是的，不过不是直接问，也有个过程。”他说着，又恢复了之前高傲的样子，“我在这方面很有一套。首先，我会满酒吧地找最靓的女人，然后跟她闲聊。我会添油加醋地夸赞她的美貌，但装出并未被她的美貌打动的样子。我知道怎样含蓄地表达暧昧不会显得太急切。我假装自己真正感兴趣的是她这个人，所以我会问跟她有关的问题，而不说太多自己的事情，但会不经意地提到自己的经济状况。我让她告诉我她自己的状况，我会听她想要什么，然后表现出

‘你想要的我刚好有’的样子。”

我真不知道还有什么比他这种行径更可恶的了。无论女朋友多么优秀，他都不满足；他和他的朋友们居然用这种手段调戏女人，还一起去玩。

戴维换了个姿势，而我则想象着他说的那个场景。“然后，我就会假装冷落她，”他说，“装出对她说的不再感兴趣的样子，转而去找别的美女闲聊，但不是找与她一起的女伴，傻子才会去找与她一起的女伴呢。我让她想办法重新获得我的关注。如果她不再想办法获得我的关注，我也还是会跟她聊天，不过我会摆出高傲的姿态。无论哪种情况，我都会装出随意而又感兴趣的样子，这一招很管用。”

“哦，你一晚上要搭讪多少女人？”

“一晚上好几个吧。”

“那你这样做的目的是……”

“要她们的电话号码，顺利的话，就进一步发展。这游戏很刺激，就像比赛一样。”他说。

我快速地做了笔记，便于深入了解他这种竞争心理。“那你就一直这样做，然后跟这些女人约会？”

“有时候吧，但都只是一夜。”

我看得出来，他有点戒备心理，以为我会责备他，但我却以鼓励，甚至赞赏的态度对待他。我微笑着向他点点头，好像我并不介意他说的，好像他的故事与平常我接待的其他病人的故事没什么不同。我发现，要想让病人完全对我敞开心扉，这招很管用。

“那你喜欢跟很多女性发生亲密关系吗？”

“还可以啊。”他说着，稍稍放松了一点，“不过我最喜欢的是跟朋友们去酒吧搭讪女人，收集她们的电话号码。相比后续，我更喜欢猎艳的过程。”

从戴维的话里，我也发现了他的这一爱好。不同的男人的确有不同的喜好。我认为，发现戴维最喜欢做的事就能明白他做这些事的真正动机。例如，有的男人就喜欢看着女人，有的男人看到心仪的女人就想跟她们约会，有的男人想满足身体的欲望，有的男人希望女人爱上他们。戴维喜欢的是要电话号码的过程。虽然他有时候会跟这些女人约会，但并不会维持太长时间。

戴维的故事让我想起我的一位闺密曾跟我抱怨说，跟她约会的男友从不夸她，有时候还会同她的朋友们打情骂俏。“我真不知道他心里有没有我。”她说。后来的某天，她在男友的卧室里发现了一本名为“情场游戏”的书。她稍稍翻看了一下，顿时觉得惶恐不已，于是自己也买了一本，还给我看了。这本书的作者看起来是个情场高手，书里介绍了很多引诱女人的技巧。这名作者甚至有个网络专区，供读者们对此进行交流。我和这位闺密都认为，看这本书就像进入一个神秘的世界，它告诉男人应该如何引诱女人。我这位闺密的男友做的一切以及戴维做的一切，都是从这种邪恶的书里学来的：忽视她，从不夸赞、恭维她，或者先夸她一句，然后再贬低她，如“我喜欢你的漂亮，但你的漂亮没有特色”。男人常用这种欲擒故纵的方式让女人觉得自己不足以吸引他，这样，女人就会努力表现自己、讨好男人，男人会从这种互动中获得掌控感。

我知道，这种技巧在情感关系建立之初是能够引起女人青睐的，但如果想发展长期的情感关系，这种技巧会伤害女人的自尊心，继而失效。不过，令人沮丧的是，有些男人只是把追女人的过程当作游戏。后来，我的闺密访问了那本书的网络专区，更是被里面的内容气到了，但她跟那个男的分手了吗？没有。很不幸，欲擒故纵这种策略让男人在交往中更胜女人一筹。

我很看不起戴维这种男人。不过我的反应不能太尖刻，也不能像在酒吧里那样对他视而不见。我是个临床医生，我应该帮助他。我知道，我应该利用共情力去好好诊疗，但这并不容易。

我知道，我应该控制自己的反常情绪——就是我的个人情感。医生应该时刻关注自己的个人情绪，这样她就不会将个人情绪带到工作中。换言之，在诊疗过程中，我必须知道哪些是病人的情感，哪些是我自己的情感。因为所有医生都会因为病人的故事产生自己的情绪，我也不例外，所以才需要区分这两者，然后马上掌控自己的情绪。

后来，我给戴维做了性状态测验，将其作为第一次标准评估，以便了解他的性生活状况。我想知道：最初是谁刺激了他，他之前有过怎样的经历，他做过什么、跟谁接触过，他又产生了什么样的情绪和想法。我还详细询问了他跟人约会的过程。

我发现，男人的许多个性和情感需求都能从他们的亲密行为中推断出来。我看得出来，他能够真正爱别人，他自爱且自信，能力很强。我甚至能看出童年经历带给他的影响。亲密关系能够反映人的自我。

刚开始，问到敏感的问题时我觉得很尴尬。我接受的是保守型教育，我母亲总告诉我，一言一行都要像个淑女。我们家族的女性都传统和正派，她们在餐桌旁吃饭时都穿长裙、戴珍珠首饰。

戴维离开后，我给他做出的评价是，虽然他装出一副很自信的样子，但他的反应都是以自我为中心的，可以看出他心中充满恐惧，而且好胜心强。对我来说，解决戴维的问题的棘手之处在于，以自我为中心、内心充满恐惧、好胜心强已经成了他的个性特征。病人的异常状态一旦变成他们的个性特征，那么他们就很难做出改变。要让戴维认识到自己的缺点很难，但也不是没有办法。对戴维来说，他想体验爱，却不明白什么是爱。我想引导他找答案，但我要先停下来，厘清自己的情感关系。

我当时认为，我很清楚爱究竟是什么。爱当然就是浪漫。我一直希望拥有浪漫唯美的爱情。是的，我也爱过男人，不过我真正喜欢的还是爱情本身。多年来，我也学会了制造浪漫。这项技能我已经运用得很娴熟了，我曾让男人们围着我打转，而且并不是只靠美貌或才干吸引他们，他们沉醉其中不可自拔。任何时候，我都能让男人为我倾倒。在这种情况下，我自然会认为，没有哪个男人会对我有恶意，因为我会下意识地表现出纯真的个性，而这种性格往往能激发男人的保护欲。戴维和我在一起，就像唐璜（情圣）遇到了波丽安娜（盲目乐观之人）。

第二次与戴维见面，我又提到了上次没有回答的问题。

“那么，”我说，“你是想知道你是否有爱的能力吗？”

“我想是的。”

“那你有没有想过为什么你会怀疑自己爱的能力？”

“也许是因为我跟那些女人只有肉体关系，而没有情感关系，这很奇怪吗？”

“你认为这奇怪吗？”

“奇怪的是，我虽然对那些女人没有感觉，但还是会拿她们跟我女朋友对比。”

“在外貌方面进行对比吗？”

“不只是这方面，我会想象跟她们生活是什么样的。”

我没想到会得到这样的答案。戴维根本没给我继续提问的机会，继续说道：“我当然想要结婚成家。现在我的经济状况很稳定，我的朋友们也都结婚了，有的甚至在韦斯特切斯特和泽西市买了大房子……我只想得到最漂亮的女人和最大的房子。”

戴维来我这儿咨询的次数多了，我渐渐明白，戴维总喜欢跟身边的人攀比。因为他说过，他不一定会被那些他搭讪过的女人所吸引。男人并不总能获得女人的芳心，有时也会被他们所追求的女人拒绝。所以，我认为戴维去跟朋友们比赛谁要到的电话号码多，其实并不是为了女人，而是为了游戏，为了面子。换言之，他沉溺女色是有社交目的的，是为了巩固他和其他同性朋友的感情。

戴维告诉我，他家里人个个都很优秀，个个都很有才干，在这种环境中成长起来的人，要么是易焦虑的完美主义者，要么会因为心理压力过大而抑郁。戴维就感觉压力重重。高中时，他是学校橄榄球队的四分卫，现在他用同样的战略思维经营着一家对冲基金

（也称避险基金或套期保值基金，是指金融期货和金融期权等金融衍生工具与金融工具结合以后，以营利为目的的金融基金）公司。他每周在华尔街工作 80 个小时。我也认识一些金融行业从业者，有的人用烟酒缓解压力，有的人通过找女人缓解压力。戴维似乎跟这两种人都不一样，不过我还要仔细考察一下。

“我不喜欢用钱换女人对我的青睐，”他说，“我只是喜欢追求难追的女人。”不过当她们对他产生兴趣之后，戴维却没有同理心，或者说缺乏社交商，以致不能了解对方的感受。例如，有的女人遇到一个英俊而富有的翩翩公子时会觉得兴奋和刺激；有的女人会觉得这样的男人值得托付终身；有的女人则希望引起他的兴趣，她们之所以这样可能是因为知道城市男女比例失调，因此感到焦虑，害怕错过合适的人。我想让戴维了解一下他追求的女人可能有的想法，我想让他与那些女人进行换位思考。我将椅子朝他靠拢，身体也向前倾，以便引起他的注意。“如果跟你闲聊的女人只是假装对你感兴趣呢？”我问道。

听到这句问话，戴维露出了似笑非笑的神情，显然是不相信我说的话。

“如果她只是因为你的钱而接近你，想骗你为她购物、旅游花钱呢？如果在酒吧里你们都是在演戏呢？”

听了我的问话，戴维默不作声。我看到他脸上露出的表情：局促不安，于是我就知道了答案。

他从未想过，一个表现得对他感兴趣的女人可能并不真正需要他。他想被人需要，如果他感觉到女人需要他，他就会认为女人的这种欲望是真实的。他的自尊心就是靠这种信念支撑的。

“女人真正需要你，这对你很重要。”我轻声告诉他。这一点他似乎是刚刚才认识到的，之前从未想过。

戴维开始变得激动，他的脸因焦虑和羞耻而泛红，一只手臂在胸前弯曲，手触碰到下巴，眉头紧皱，脚不时地踩踏着地面。他的自尊心逐渐崩塌，这我看得出来。曾经对他而言很重要的约会之夜突然让他满怀疑虑。我伤害了他的自尊，但我觉得现在可以开始真正的诊疗了。

我调整了一下坐姿，然后低头，不再看戴维，以缓解他的压力。再次看向戴维时，我看出他露出了一丝挫败感。是的，我的判断果然没错。但是我并没有因此而生出成就感。办公室里的气氛变得很沉重，因为我和他的情绪很沉重。我感到体内升起了一股热浪。很长一段时间里，我们都没有出声，这是我第一次对戴维感同身受。

“你现在有什么感觉？”我感觉气氛太压抑，于是先开口打破僵局。

“没什么感觉。”他突然提高了声音，“我要走了，半小时后还有会议要参加。”戴维跳了起来。房间里的气氛即刻冷了下来。我看着他离开我的办公室。我知道我应该设法将他留下，但一切发生得太快了，我根本来不及劝他。我很痛心，因为我犯了一个错误。我接受过专业训练，所以知道当病人想要提前离开时，意味着他们在逃避什么，而此时我应该直接说明这一点。可我没来得及挽留，他就离开了，我也不知道他会不会再来。

幸运的是，一周后，戴维还是来了。不过他比约定的时间晚了20 分钟，而且没有给我任何解释——这也是一种抗拒咨询的典型方式。我很高兴他能来，不过他动作慢吞吞的，似乎想要缩短咨询时间，以避免更深入的交流。

除此之外，戴维又恢复了之前那副优雅的翩翩公子的模样。他坐下来，然后对我说："你今天看起来真迷人，医生，你知道吗，你真的很性感。如果是在别的地方遇到你，我会来搭讪。"

这一次，我并没有因他的恭维而觉得飘飘然或被侮辱。戴维恢复公子哥儿的样子是我意料之中的事情。他这样做只是为了将自己的焦虑掩盖起来，回到自己的心理安全区，企图获得安全感。这种现象是正常的。他显然觉得自己的真实心理被曝光了，所以就恢复了之前的样子。现在，我又跟他一起回到了原点。

我不想冒犯谁或者被谁侵犯。我只想获得病人的尊重和肯定。我希望病人能觉得我的观念和治疗方法是明智的，对他们是有用的。每一次病人说"就是这样的"或者"我的生活终于得到了改善"时，我就觉得很自豪。

诊疗过程中，病人的言行反映了他们平常在社交场合中的言行。他们以习惯性的交流模式跟医生进行沟通，而医生为了帮助他们，也会采取相应的反应模式，这叫作移情。而且，戴维对我身体的关注和奉承表明，这样跟女人相处是他的一贯做法，与我的穿着打扮没什么关系。

对来我这里咨询的男人而言，我就是个女人，更准确地说，他们对女人的观念都是通过我而养成的。他们可能跟自己的爱人、母亲相处得很不和谐：虽然爱人性感迷人，但对他们冷淡，排斥他们靠近；母亲虽然养育过他们，但随时都可以批评他们。有的男人会将我视作理想型的女人，而有的男人却看不起我。他们对我的反应显示了他们心中最见不得人的想法，我很留意他们对我的想法，也很关注他们希望我成为什么样的人。我是那种让他们失望的女人吗？是他们得不到的女人吗？我适合他们吗？就拿戴维来说，他把我当成了要征服的女人了吗？

我通常会马上指出他们的问题，不过这一次，我想忽略他的这种意图，直接说明我感受到的他行为背后的真正意图。

“我记得上次咨询时，”我说，“你很突然地离开了。”

“是的，我还有会议要参加。”

我并没有质疑他当时做出的解释，只是说我自己的感受：“上次会面，我觉得很不舒服。”

“我也是。”戴维很平静地说。

“能具体说说你为什么不舒服吗？”

“我从未想过，我搭讪的那些女人，可能也是在演戏。”

“你为什么没想到呢？”

戴维没有理会我的问题，而是自顾自地说：“看到那些女人需要我，我很高兴。”

我并没有因此而批评他，而是肯定了他说的话：“所以，让女人需要你对你而言很重要？”

“是的，的确如此。”

“这对你来说意味着什么？”

“其实，我也不知道。也许，我搭讪那些女人的时候，我会自我感觉良好。”

“所以你才对我言语轻佻？”

“我认为你很迷人，这有什么问题吗？”

这回，我也跳过了他的问题。“跟我这样聊天，你感觉怎么样？”我努力克制自己的声音，看着他，问道。

“有时候会紧张，不过还在我的接受范围之内。”

“这么说来，你走进来，说我很性感，这是你平常跟女人打交道的惯常模式。你很自信，也很有魅力，但是，”我仍然认真地说道，“你高高在上，我觉得自己很难与你推心置腹地交流。我想，你跟其他人打交道的时候也是这样的。”

我这句评语可谓一语中的。“是的，”戴维平静地说，“我的女朋友妮娅也抱怨，说我有事总放在心里，不跟她说。”

“你觉得她这句话是什么意思？”

“我不知道。也许是说，我不够爱她吧，至少不是像她认为的那样爱她。这难道不是我来你这儿的理由吗？”

“再跟我说说妮娅吧。”

“我认为她就是我的真命天女。”

“你为什么有这种想法？”

“我知道她爱我，我也认为她会忠于我。她很性感，不过，我不知道我为什么总去搭讪其他女人。”

他为什么总要去酒吧要别的女人的电话号码呢？那些总是关注自己有多帅、自己的女朋友有多漂亮性感，总关注自己开的车保养得好不好、买的房子够不够大的男人，我认为他们都很幼稚，很不成熟。我仿佛控制不住自己的情绪，很想再批评他一下，指出他言行肤浅，就像孩子一样。我想象着戴维和一帮朋友在酒吧里闲坐的样子，他们都是大学毕业不久的年轻人，穿着卡其布裤子，平庸、无聊、乏味。最糟糕的是，戴维还粗鲁无礼，竟在我面前这样评价自己的女朋友："她身材高大，有结实的腹肌。"他这样说显然不是在夸她，而且他说起这些的时候，语气里没有半分欣赏的意思。

我想批评他并不是出于道德或是自己拘谨的行为习惯，而是真的觉得戴维不够尊重他的女友。不过我也认为，这样也许能够找到戴维的问题的症结。

虽然戴维对妮姬做出了这样的评价，但我们没有聊太多关于她的事。我更想知道戴维是怎样与妮姬相处的、他们的关系如何，我想知道除她的忠诚和美貌之外的其他事。

"我们也会一起跟朋友聚会，"他说，"我们也会去酒吧，也会留在家里看电影。我们亲密无间。"

"是吗？"

"而且我知道她不只是为了让我开心才顺着我。"他说，"我对此很在行。她让我感觉良好，我知道她也需要我。你还想知道什么？"

我不想再知道什么了，只想戳破他自大的面具，就像打碎一个陶罐一样。不过，我也知道，要想跟任何病人，尤其是他这种有自恋倾向的人，建立正常的医患关系，那样做是不行的。他认识不到女人的真正价值，这一点让我很难过，而这正是他所有问题的症结。我真想以某种方式扭转他的这种思想观念——不是用棍棒，而是通过帮助他，让他认清自己。我想从医生的角度让他真正认识女人的价值，给他创造全新的情感体验。

为了让他敞开心扉，接受更真实的自己，作为医生，我必须附和他的自恋想法和行为，打破自恋者的幻想只会加剧问题的严重性。因此，对于戴维那些自恋的想法，我都必须赞同，我必须告诉他，我知道他为什么这么迷人，为何如此有魅力。但到了真的要这样做的时候，我又很难做到。他挑战了我过去对男人的认知：我过去总认为，男人痴迷于维多利亚式的爱情，而戴维粗俗的言行让他像个可恶的强盗，戳破了我的浪漫主义思想，让我崇高的爱情理想化为泡沫。他将女人视为战绩。

事实上，戴维称赞妮姬漂亮、性感跟妮姬无关，这只是他单方面的想法。他的女友漂亮性感，这给他建立了良好的自我感觉。他给予她快感，所以他认为，她是需要他的，而他是很棒的。不过，她只是刺激他的工具，是戴维自导自演的戏里得到他口头赞赏的配角。我认为，戴维太自我了，太不了解女友了，这才是他最大的问题。

在所有人际关系中，最难以处理的就是自我和他人之间的平衡问题了。你是将你的恋人视为满足你所有需求的事物，就像母亲之于婴儿，还是将你的恋人视为有自身需要和欲望的真实的人，认为双方的所予所求都是相互平衡的？

我认为，戴维就是那种将女人视为满足自己需求的事物的人，他不断找女人，借此满足自己。他需要获得女人的肯定，从而获得他认为的爱，那样，他才会高兴，才会感到自豪，不然就会很沮丧，觉得自己毫无价值。在他看来，只有傻女人才会主动为他人付出。我也开始意识到，很多男人私下都持有这样的观念。然而，如果直接说出来，别人就会反感。我试图想象，如果在一段关系刚刚建立的时候，双方出具这样一份合同，会怎么样？

> 我希望，我想做的任何事，你都会替我去做。我希望你一直保持我想看到的那个样子，我希望你是我的某种延伸。我希望我需要什么，你就能给我什么，我不需要向你请求或索取，也不需要教你怎样做。我希望你能给予我无条件的爱，我希望你一直不图回报地对我付出，对我忠贞如一。我希望你像我的父母一样待我。如果你做不到，我就会愤怒，就会生气。我可能欺骗你、对你不忠或离开你，因为你没有满足我的所有需求。
>
> 附言：我一点儿也不想知道你需要什么。

想象一下，第一次跟别人约会的时候，你这样介绍自己，那会是一种怎样的场面？

自恋者最大的特点就是不将其他人放在眼里。恋人过分自恋是对情感关系最大的伤害。我要多花点时间来解释这一现象。虽然我认为很多男人都有自恋倾向，但我并不喜欢将任何人定义为自恋的人。自恋是一种心态，一种病态地看待世界的方式，自恋的人狭隘地认为这个世界因自己的存在而特别，认为世界上所有的事物都是为了满足自己的欲望和需求而存在的，他们的世界观都不是以客观现实为基础而树立的。这种观念还会阻碍他们观察他人，让他们除了关注自己和自己想要的事物，对其他人的需求和愿望都置若罔闻。在人际交往中，这种方式很有害——因为看不到其他人的需求，所以会将他人“物化”。

从某种程度上而言，我们都会这样将他人“物化”，这是现代人际交往中人们的通病。它是自爱的对立面，让人将自己牢牢禁锢在自我设定的枷锁之中。

戴维看不到别人的长处，总认为自己比别人更优秀。这种类型的自恋，就是总觉得自己比他人更特别、更优越。在这种人看来，人是分等级的，有的人等级比自己低，有的人等级比自己高，他们见到别人的时候，会立刻在心里进行对比，还会想：我必须变得更富有、更美丽，我在任何方面都是最好的。即便成就非凡，这种类型的自恋者也都生活在幻象中，因为他们总在努力超过他人，对自己永不满足；一旦超过他人、在他人面前有了优越感，他们实际上就与别人拉开了距离。

其实我们在人际交往中都会有点自恋。即便在自己的爱情经历中，我也会将男人“物化”，不过我不是将他们当成恋爱工具，而是我爱的“物”。

戴维的问题在于，他太成功、太优秀了，所以他很容易自我膨胀，他寻求自我满足的乐趣不断被强化，以致外界的刺激根本无法让他停下来。我还发现，妮姬对他好、令他满意，他却不懂感恩，我需要让他好好检视一下自己为什么要去酒吧找其他女人。

“我希望你明白，我向你提尖锐的问题是为了帮助你。”再见面的时候，我对他这样说。这回我们仍然在聊妮姬的事。

“我还不习惯你这样问我，”他说着，耸了耸肩，“让我感觉我的秘密都被你掏出来了，而我讨厌被人控制，我更喜欢由我来控制别人。”

“你说你爱妮姬，但你们在一起的时候，你感受到的爱究竟是从哪里来的？”

“唉，我也不知道，”他叹气道，“就在这里吧。”说着，他作势往面前的空处一抓。对戴维来说，爱是一个抽象的概念，是空洞的存在，没有任何实质的构成。我以前也遇到过这样的人，他们这种想法让我感到吃惊，为什么人们那么难以感受爱呢？

“是不是为了避免受伤，以及想在感情的发展过程中有掌控权，所以你才体验不到爱？”我问道。

“你这话是什么意思？我爱我的女朋友。”

“也就是说，你知道什么是爱？”

“嗯，我……”

戴维能够回忆起与妮姬亲热的过程，但他并没有体会到爱的温暖和满足感。相反，他总觉得爱得不够。

“你说过，她也爱你。但事实上，从你说的来看，你似乎并不是想要被爱，而是希望被需要。你想要被需要，你总觉得倾慕你的女人还不够多。但是，你想要得到谁的倾慕呢？”

戴维沉默了，我继续说道：“要想得到一个人，就要付出自己的感情，这样，你也能感受到你付出的爱。从你的故事里，我还没看到你付出过感情，你还没有去‘冒险’这样做。只有付出了感情，你才有能力去感受爱。”

戴维仍然沉默不语。

“你真正追求的是什么？是爱还是得到别人的认可和肯定？爱别人需要……勇气。”

“你这么说真让我生气。”戴维双手交叉放在胸前，闷闷不乐地说。

“很好，你为什么生气？”

“我觉得很尴尬，觉得自己很肤浅，很……可怜。”

“真棒，”我说，“你终于让我见到了真实的你，谢谢。”

“不，不客气。”

“很好，现在我们可以真正开始诊疗了。”

再见戴维时，他急匆匆地冲进我的办公室，一副非常痛苦的神情。他平常那酷酷的、风度翩翩的模样消失了，取而代之的是惊慌失措。他不再跟我调情，也不再小声地说话了。

“我觉得我的女朋友对我不忠，”他大声说，“但她不承认。”

“你为什么会有这种感觉？”

“我翻看了她的手机，发现别的男人给她发信息，说他正在去她家的路上。信息是凌晨 3 点收到的。她说那个人只是普通朋友，信息是他发错了。我很生气，所以回家拿起手机找号码，看能找谁聊聊。”

啊，电话号码——戴维的安全盾。他曾经以为收集到最多的号码就能证明他魅力非凡，这是让他振作的钥匙。

“我打电话给一个某天晚上在酒吧遇到的美女，接通电话后，她邀请我去她那儿过夜。”这时，他的声音降低了不少，“不过，就在我想要跟她亲热的时候，却发现我根本没法进入状态！”

我深表同情地皱了皱眉。

“我一直都在想妮娅，”他说，“我怎么也无法专心。”

这时，戴维产生了强烈的自我厌恶感，这也是让他成长的好机会。他试图用一夜情来缓解自己遭遇背叛的痛苦，但终究无法逃避。现在，他的心理防线完全崩溃了。他觉得自己不是合格的男人，活得很失败。我看着他，就像看着一个因无法融入集体而大哭的小男孩。

“因为某些事情烦恼而不能进入状态时，你就会很生气吗？”

“是的。”他咬着下嘴唇回答，然后又恼怒起来，“该死的女人。”

“你生气了。你似乎觉得很受伤，而且认为不能相信女人。”

“她们都是骗子。”他冷冷地回了一句。

“但是，你需要女人，你需要被爱。”我温声说道。

“是的。”说着，他露出极度伤心的神情。

“但你不敢相信她们。”我说着，抬起头来，眼睛一直盯着他因紧咬下嘴唇而抬起的下巴。

“我想，这也是我有了女朋友还要找一大堆女人的缘由。”他说着，又恢复了轻佻的模样。

“这让你有安全感吗？”

“是的，没错，我就是讨厌独处，极度厌恶独处。我真的受不了一个人待着，那样我会觉得很烦。所以我会打电话给朋友们，一起出去找女人。”

“所以，你不只是因为没有人爱而感到恐慌，就连自己一个人在公寓里待着，哪怕只是一个晚上，你也受不了。”

“看起来，我最受不了的是我自己。”

“能说说这种感觉吗？”

“我不知道。”他说着，耸了耸肩。戴维从来没有审视过自己，所以根本不知道自己内心的感受。不过，我不能到此为止，我必须帮他找到做出那些行为的真正动机，这一点非常重要。

“告诉我，你身体里有什么感觉？”

“我不知道。”他又这样说。而我还要等。我可以给他提示，以平息他的不安，但我必须让他自己想清楚。最终，我的沉默让他不得不做出答复。

“我感觉……这里……很空洞，”他说着，指了指自己的胸口，“还有一种不安分的精力需要发泄。我的心沉到了谷底……就像我根本不存在一样。我很恐慌，我必须找一个女人，这种感受很强烈，让我无法忽视。”

经过几个月的治疗，我终于等到了这个突破口。这个回答很实在，我们终于找到了让他做出不当行为的痛苦缘由。

“看起来，这种空洞感很强烈、很深厚。”

“是的，正因如此，我才总是去酒吧找女人。”

“这样做，你克服了对孤独的恐惧。你总是去找女人，让她们表达对你的需要，这样，你可以麻痹自己。”

“但是，我不想跟那些女人谈情说爱。”

“是的，你避免与她们进行更深入的了解和交流。那些女人对你来说就像一面镜子，反映了你自己的价值。没有她们，你就不存在。”

“但是，有时候这个过程还是挺有意思的。”

“我知道，你会觉得有意思，会觉得这样还不错，”我说，“你找女人，是为了让你对自己更满意。不过之后你就会感到失望，就会觉得女人不可信任。你让女人判断你是不是可以爱的人。我还有什么没说到吗？”

“我自己感觉不到。”

“你这样做，就是把自己交给了别人。你想让别人承认你有魅力，不过即便别人真的那样认为，你也还是觉得不满足。这样做的结果就是，虽然你总在努力获得别人的爱，但你始终是个输家。”

“我从来没有这样想过。”

“要让自己相信这一点，你需要做什么？”

我身体稍稍前倾，以便拉近我们之间的距离。

“我要爱自己？”这次咨询居然得出了这样的结论，他几乎要笑出声来。

“是的，这是让你摆脱过去那种生活的良方。如果你能从心底里感受到爱，那你就没必要从别人那里索要爱了。”

“好的，医生，我相信你。”

戴维自视甚高，但他也清楚，我很容易就能让他泄气。他不能再根据他从事业、外貌、经济状况、家人和女人那里获得的赞赏及肯定来建立自我价值观了。那些带给他的支持并不会长久。他的外貌会随着时间流逝而产生变化，经济状况也不会持续良好，女人们也可能离开他。这些都不是长久之计。要让自己过得充实，他必须学会自我支撑。他必须先接受自己、欣赏自己，然后不断地自我探索。

“那我应该怎样开始？”他问。

“你不要考虑别人的想法，你要找到你自己。”我回答，“你需要尊重真正能激发你积极性的事物，即便你现在还不知道那究竟是什么，可能是你正在做的事情，但你要开始搜寻，努力找到它。”

虽然戴维的自恋是有害的，但那不过是他在努力接受自己。他一直想找到一个更安全的接近真爱的办法，我却让他直面自己的恐惧，这样他就不会再逃避它们了。我想，只要他在我的引导下克服了这些恐惧，他就能真正做好准备去迎接爱情了。

这时是闷热的夏季的傍晚，我下班后沿着街道往前走，街上满是灯红酒绿的餐馆和酒吧。回到家里，坐在公寓楼顶的一张老旧沙发椅上——这里是我最爱的冥想之地，我经常坐在这里俯瞰曼哈顿的风光。从高楼上往下看能让我完全从尘世中抽身而出，我可以想更多戴维的情况。我现在已经平心静气了，再不会有想去抽打这个“渣男”的冲动了。我感觉他真的准备好改变了。

他现在应该已经悟出来了。过去，他认为沉溺女色会让他感觉更好，但最终他发现，这让他感觉更糟。对他而言，自爱也不容易做到，尤其是戴维现在在职场顺风顺水，父母和同行都很赞赏他，他还有个做模特的女朋友，还源源不断地有女人向他投怀送抱，这些都让他觉得自己很有价值。他努力向他人证明自己，而这恰恰让他远离了真正的自我，当他独自一人时，就会觉得孤独、空洞。

在接下来的几个月里，戴维逐步开始探索自我。他认识了一些在布鲁克林工作的有艺术天分的朋友。戴维开始尝试从舒适区里走出来。他告诉我，他会在聚会时观察他人，想一想这些“贫穷又没有魅力的人”为什么看起来这么开心，这么有活力。这个问题代表他有了一个深刻的认识：这些“贫穷又没有魅力的人”活得很真实，活出了自我，而他也从他们身上感受到了从未有过的生机和活力。我想起了第一次遇见他时他那没有光彩的眼神，那时的他行为轻佻，精神消沉。现在，这种状态在他身上消失了，戴维终于从自我狭隘的禁锢中走了出来，他现在会考虑自己真正想要什么了。

我让他不断问自己：我的自尊要我怎样做？我究竟想要什么？最终，戴维做出几个重要决定。他还没有做好结婚的准备，也不打算在韦斯特切斯特买房。他仍然在华尔街工作，但跟妮娅分了手，还搬家去了布鲁克林区。闲暇时他开始学弹吉他，不再去酒吧搭讪别的女人。他开始读书，还会去博物馆参观。他来我这里咨询时，我们谈论的都是他对生活的新发现，虽然观点并不新颖，甚至有些陈旧和老套，但对他来说意义深远。

戴维在我这里问诊了一年多，我见证了他缓慢而令人瞩目的改变过程。我刚见到戴维时那种厌恶和恐惧已经完全不见了，我也对他的改变感到开心。

那些像戴维一样沉迷女色的男人，很容易被贴上“渣男”等侮辱性标签，我们总会批评和讨厌他们。然而他们沉迷女色的行为，其实代表他们对爱、信任和被认可的需求，而这些需求也可能促使我们每个人都做出非常不合理、不正常的行为。

就这个意义而言，我们都跟戴维一样。

我不知道戴维是否找到了爱，但我知道，他已经开始学着去爱自己了。讽刺的是，我和戴维很少花时间探究爱到底是什么；实际上，我们一直在探讨爱不是什么。戴维已经做好准备，变得“能够爱”了。

然而，对我来说，这场关于爱的测验，还没有结束。

拉米 |

性格、成长环境差异巨大的人的爱情

在佛罗里达攻读博士学位期间，我认识了拉米。当时，我在一家餐馆当兼职服务生，一周有几个晚上要在那里工作。拉米是那家餐馆老板的朋友，也是那里的常客，但当时我只负责点菜送餐，对他没有什么印象。

我遇到他的那天晚上，拉米正跟一大帮朋友坐在我负责的服务区的一张大桌子旁，他们玩得很开心。后来我才知道，他们是故意坐到那里的。我当时很忙，在不同的餐桌间跑来跑去，收拾餐桌上的食物残渣和喝剩的酒，根本没发现他一直在盯着我看。拉米和他的朋友们轮流跟餐馆里的舞者跳舞。晚餐后，我看到他们在抢着买单。我经过他们身旁的时候，拉米突然抓住了我的手腕，问我要电话号码。他没有打情骂俏，也没有讲恭维、奉承的话，他像个不会追求女人的男人，直奔主题。他说话的语气很友好，还带着点急切的意味。他的眼神也很有魅力，提问显得很自然，很容易让人放下防备心理。

我真希望这浪漫一刻能让我心跳骤停，但并没有。他让我措手不及，而我心里还在想着："11 号桌还要重新上酒""厨房里的鸡肉可能已经做好了”“3 号桌还等着上菜”。我从没有跟这个男人说过话，而他居然见了我一面就来要我的电话号码？真讨厌。

然而，这一大桌人就代表我能得一大笔小费，而他们还没付钱，所以我就当他是个普通客人，做出了回答，我不想让他在朋友面前难堪。“当然可以，打电话到餐馆就能找到我。”我微笑着回答，然后就翩然离开了。

第二天上午，我正在为中午的工作做准备，拉米来了。“让我带你出去吃点东西吧。”他的语气轻快而随和，我认为拒绝这么友好的邀请是愚蠢的。

也许是因为沉醉于拉米那令人陶醉的微笑，所以我答应了他。

“很好，明天上午 11 点我来接你。”他说完便去跟其他女侍者闲聊了，那些女孩也都很喜欢他。而我却觉得，我好像被撺掇着买了一件我不想要的东西。这件事是怎么发生的？我好像并不是这么听话的人，而且，我一向对拉米这种类型的人没有感觉。他至少比我年长 10 岁——可能他的真实年龄比我想的还要再大一些。

我看着他跟我的同事们闲聊，也花了点时间来审视这个我一开始认为傻乎乎的人。他个头很高，身高体壮，有着黑漆漆的双眼，下巴强劲有力，有橄榄色的皮肤和一头微微染上银霜的卷发。他一看就不是本地人，久经世故，有点不像好人。但我必须承认，他就像旧时的电影明星克拉克·盖博、奥玛·沙里夫那样性感迷人。

第二天吃过早饭之后，拉米给我讲了他的经历和故事。他说，他在难民营里长大，现在拥有一处商业房产。他 20 岁出头的时候移民到美国，如今40岁，已经退休了。他大部分时间都在旅游，在摩洛哥和西班牙都有房子。“我每年都要去几次，”他说，“我的一些朋友也在那边有房子，也会去那边度假。”

我从没接触过拉米这样的人。我的前任男友是那种放荡不羁的人，开着旧式的大众汽车，平常走路可能不穿鞋子。他待人温和，个性可爱。我们交往了6年，但后来我觉得他更像我的兄弟而不是恋人，所以跟他分手了。我比他更有野心，对未来有更大的规划，我想跟一个与他不同的男人约会，我希望那个男人会挑战我、质疑我、刺激我。拉米给我的生活注入了新的活力，很快，我就深深地迷恋上了他。

拉米能给我比钱和俊朗的外貌更有诱惑力的东西，他能够让我冒险。我认为这对我很有吸引力，因为我从小受到的是保守型教育。我的家人现在仍然住在我长大的那个美丽的南方小城。作为成年人，我现在能够认识到那种简单生活的美好，但年少时，我总认为父母的生活圈子太狭窄。那时的我热爱游历。也许是小时候受到父亲给我买的《世界百科全书》的影响吧，我被书里那些亚马孙河和其他地区风貌的照片触动，所以即便在长大成人之后，我对异国的热情仍未消退。

拉米和我来自不同的环境，拥有不同的文化传统。虽然我不太了解我和他之间的不同，但我爱这些不同之处。我有点盲目迷恋这些文化差异，却没有认识到，相爱的两个人最好有相似的背景。

跟拉米相爱后，我的某些朋友对我和拉米之间的文化差异感到焦急不已。但我觉得，这段感情像是开启了我通往陌生文化的神秘大门。

他为我打开的这扇门以及这扇门后面的世界令我痴迷不已，但我的母亲很担心这一点。她说，我终会认识到拉米跟我不合适。她说我们“门不当，户不对”。

出于对拉米的爱，我继续美化我们这段恋情，将它包装得光鲜亮丽，不想看到任何瑕疵。我不想让任何事物破坏这段美好的恋情。也许我们确实有很多差异，但这些差异一点也不重要。

向我求婚四个月之后，他让我陪他去国外跟他的朋友们聚会。

在一家灯光昏暗、环境嘈杂的餐馆里，舞者妖冶美丽，鼓声震耳欲聋。拉米和他的商人朋友们经常来这里聚餐，他们中的某些人在这附近也有房产。我们坐下来享用美食，令我吃惊的是，他们居然还叫了一帮年轻的少女，最年幼的仅 13 岁，年长的也不过 17 岁。

这令我非常不舒服。我发现，每个男人都带了一个或几个女孩来赴宴。

我再也受不了了，于是冲了出去。拉米跟了出来。“我要回家。”我大声喊道。他的朋友们听到了我的话，像看小孩一样看着我。他们为自己的行为找借口。“我们是在帮助这些女孩和她们的家人。”他的一个朋友说。还有个人开始诽谤这些女孩，说她们是专门哄骗男人结婚的。拉米竭尽所能地安慰我，说他从未参与过这种活动。他努力让我冷静下来。那一刻，我才真正认清拉米与我对爱和感情的看法不同这一事实。

刚认识拉米时，他独居。大部分时间里，他都会跟这群朋友聚会，一起旅行，参加那些中年男人联谊会。事实上，拉米和他的朋友们都是享乐主义者，生活奢靡，没有太多束缚。拉米的某些朋友喜欢故意激怒我，让我跟他们展开“哲学辩论”，我称之为“伟大的爱和自由主义辩论”。“浪漫的爱有什么意义？”“我为什么要跟一个女人共度人生？”他们总是问我这样的问题，好像想要弄明白一种相当荒谬的观念。他们确实不相信爱，他们中有的人将它视作幻境，有的将它视为束缚。对这些人而言，唯一真实的就是物质享乐。女人仅仅是他们生命中的财富，就像美食和美酒。

起初，我怀疑他们对爱的态度与他们受的教育有关，在他们看来，婚姻有时候就是利益交换的结果。我发现，他们在人际交往中不会期盼收获爱情和友情。但是，从他们的经历中我发现，他们是从小一起长大的朋友，也曾有崇高的理想和信念，而他们为实现理想所做的努力让他们屡屡受挫，于是他们转而出国经商。他们抛弃了以前高远的理想和原则以及对公平、公正的追求等，他们认为过去的理想很幼稚，所以还是好好享受当下的生活吧。现在，他们仍然持有这样的观念，但我认为，他们过得很空洞，也很压抑。这让我非常震惊。他们自由且有钱，却完全没有过上像拉米和我这样快乐而富有活力的生活。正因如此，拉米在两种世界观中左右为难，不知道该相信谁。

我认为，拉米当时对我充满热情，不用我多说，他就相信了我，让我在这场“哲学辩论”中胜出。拉米的朋友们当然对我没有好感，所以后来拉米带我参加他们的聚会时，他们都很不满。对这些男人而言，我是个讨厌的人。只要我在，他们就只用方言说话，显然是不想让我参与他们的闲聊。

我想智取。我去了书店，买了一本词典。我私下认真研读这本词典，这样，拉米和他的朋友们交谈的时候，我就能听懂他们的意思了。这很不容易，不过好在我记忆力还不错。我去哪儿都带着这本词典，无论是搭乘地铁还是喝咖啡，甚至刷牙的时候，我都会读一读这本词典。只要有机会，我就会练习说当地方言。

一天下午，我跟拉米和他的朋友们在咖啡店喝咖啡，我开始用方言跟他们说话。我不记得具体说了什么，只记得他们露出了震惊的神情，然后大笑了起来。

但是，我还是勉强获得了他们的尊重，他们偶尔也会跟我用方言说话。拉米也趁机在我们游玩的时候教我他说话的口音。我觉得语言是很有魅力的东西，不同的声音从我们的喉咙里发出，形成不同的语言，表达人的心意。这种语言似乎并没有限制我表达自己，我觉得我比以前更加大胆了。语言节奏抑扬顿挫，不拘一格，用它表露的情感似乎更为深厚。我也认为男人低沉粗哑的声音传达出的感情尤其性感迷人。

我有时候也担心拉米的朋友们会给他造成不好的影响，甚至破坏我们的感情。幸运的是，拉米对我很忠诚，而且似乎也很享受跟我一起在朋友面前秀恩爱。

一天晚上，他以为我睡着了，轻柔地抚弄着我的头发，低声说了句“我爱你”。我也爱他，于是我看着他的眼睛，说：“让我们毫无顾忌地相爱吧！放下防备之心，让我们沉醉在这爱情之中吧！”这些话对我来说很重要。我认为成年人的爱都是被层层包裹好了的，我想要完全放开，不去考虑什么安全感的问题，纯粹地体验自己的爱情。

拉米和我在一起后，餐馆里我的其他同事也都为他倾倒，她们也会私下议论他这种轻松自在的生活方式，有一天晚上还议论起了他的婚姻状况。我很惊讶，因为同事们说的跟我知道的完全不一样。拉米告诉过我，他离过婚，而我没有理由不相信他。拉米随时有空，我平常也会去他那儿过夜，他家看起来就是典型的单身汉公寓。

不过拉米在社交场合非常有魅力，他风度翩翩，而且总喜欢跟别的女人调笑。我开始在意同事们对他的评语了。一天晚上，我们去参加一场正式的晚宴。我精心打扮了一番，感觉自己光彩照人。这时，拉米认识的一位美少妇经过他身旁。拉米高兴地从座位上跳了起来，亲吻了她的面颊，然后说：“我能送一瓶酒到你的餐桌上吗？”他热情周到地为她服务，过了很久才回来。20 分钟后，又来了一名他认识的女人，他也这样做了，于是，我醋意大发。

回到他家之后，我急切地责备他。

“你居然跟别的女人调情。”

“我只是向她们表示友好，这没什么吧？”

“你看起来认识不少女人呀，你是怎么认识她们的？”

他耸了耸肩。他还能说什么呢？我继续抱怨：“你知道吗，餐馆里那些女招待总在谈论你。”

“我跟她们只是普通朋友。”

“但我听到一些关于你的消息。”

他终于上钩了：“什么消息？”

“嗯，某人告诉我你没离婚。”

拉米摇了摇头：“绝对没有，我告诉过你，我离过婚。”

我直视着他的眼睛。

“是……是我们传统下的离婚。”

“什么？你这话是什么意思？”

“是我们文化意义上的离婚，不是法律意义上的离婚。不过都是一样的。”他快速补充了一句。

“那么，你根本没有离婚？”

拉米露出一个悲伤的表情。“我总想告诉你，不过总觉得时机未到。现在就告诉你吧，那场婚姻出于商业战略考量，虽然不是早就安排好的，但对我们两家都有好处。你必须知道，在我们的文化里，婚姻不见得是因为爱情而缔结的。我跟她已经分居 6 年了，她现在生活在另一个国家。”

我感觉我快要窒息了。我真不敢相信，他居然等我爱上他之后才告诉我真相。拉米以前告诉我的都是真的吗？我想让他把那些话都收回去，然后重新做出保证，好让我安心。

“你以前为什么没告诉我？”

“我想过要告诉你，但我担心你不理解。”

“我从未想过自己会爱上一个已婚的男人。”

“现在你知道了，我只是想先给我们彼此一个机会。”

“但现在我们已经没有机会了。”

拉米急切地跟我解释，说他和妻子都已经同意离婚，只不过出于经济原因才没有办理离婚手续。他勾搭不同的女人，但从未跟谁保持过太长时间的关系，因为他并不想要长期稳定的情感关系。离婚后，他不断寻找女人，如果有女人爱上了他，他就会跟她分手。“但你不一样，”他说，“遇到你以后，我感觉我第一次陷入了爱情中。”

我必须走了。我回了家，第二天就跟他断了联系。我很快就要独自去纽约开始我的实习生涯了。

我想住在曼哈顿，但独自一人负担不起房租，我需要跟人合租。我认识了一位叫苏菲的年轻女人，她与我同时来到纽约。我们一起找住的地方。一位房产中介带我们看了房子，但我们不太满意，沮丧地回家了。我有点紧张，因为我的实习期很快就要开始了。

我登录租房网站，找到一间在铁路附近有五个卧室的公寓，每月租金 800 美元。广告上没有照片，但我当时急着要租，就算没有照片也打算租下它。于是，我打电话给苏菲，说：“我们租下这间房子，一起住吧。”我将租金寄给转租房屋的人，他说我可以搬进去。

我独自一人赶了过去。那栋公寓位于30号街和第五大道的交会处，是一栋砖头多层住宅。我上了五楼，敲了敲门，一个男人开了门。他穿着一件不合身的西服，黑发浓密，令人感到害怕，用口音很重的英语介绍说自己叫内斯特。“嗨，你以后就住这儿了。”他说着，带我穿过不大的客厅。客厅里只有一把又旧又脏的沙发和一台小电视。再经过一段狭窄而昏暗的过道，就到了我的“房间”。房间里空空如也，连衣柜都没有。“有时候我也住在这里……睡在沙发上。”他这样说，显然是希望我不要介意。内斯特还带我参观了他的小储藏室，那里只挂着他的三套衣服。最后，我们看了小厨房和通往消防通道的门。

一周后，苏菲过来了。看到这样的房子，她尖叫道：“这是个什么鬼地方啊？”

包括我和苏菲在内，一共有10个人住在这间公寓里。租客们男女都有，内斯特偶尔也会在这里的沙发上睡一晚，房间里还有老鼠。这里显然就是我们的单身公寓，内斯特只在房里安放了屏风作为隔断，公寓既没有墙壁也没有空调。这地方肮脏而拥挤。我们只有一个厕所和一间公用电话亭大小的浴室，在浴室里甚至没办法换衣服，因为空间太小了。

房间里没有衣柜，所以我们在房子的边角处安放了支架挂衣服，睡觉时就在衣架下放个枕头。我们买不起床，我们的钱都用来买衣服和玩乐了。衣服和其他用品扔得到处都是，晚上睡觉就像躺在大衣橱的隔板上一样。不过，我们的房间里有一个大窗户，晚上，我们会面朝帝国大厦，就着城市的灯光闲聊——当然，我们也没有窗帘。有时候，一个同样租住在那里的巴西男人会跟我们躺在一起大声说笑，他什么话都跟我们说。我们来自世界各地，为了求学或求职来到纽约，希望在这里闯出一片天。

有时候，从佛罗里达州过来探望我的朋友们会问我，怎么能忍受那样的生活——租住在曼哈顿区中心地带，赚 12000 美元——这是我实习期间的年薪。我告诉他们，纽约就是我的客厅。我认为自己就是现实版的霍莉·戈莱特（知名电影《蒂凡尼的早餐》的女主角，由奥黛丽·赫本饰演），我过得真的很开心。

6 个月后，拉米来了，他想挽回我们的感情。他说他和他的妻子现在住在不同的国度，也没有复合的可能，他们的关系只剩一份证书。他声称他们在他家的企业里分别持有股份，他们复合从经济角度而言是不明智的。双方"非法定的离婚程序"都是通过与对方友好协商而进行的。

拉米又对我撒了谎。然而，我仍然爱着他。曾经我跟他的朋友们就真爱这一问题展开过激烈的争论，所以我也想冒一次险。

我们复合了，重新开始了一段浪漫的爱情。他不断讨好我，以弥补他从前对我的欺骗。例如，一天晚上我回到家，发现拉米也在，他在跟我的女室友们热聊。他会突然来访以给我惊喜，给我买各种食物并放在冰箱里。"这是给你们所有人的。"他说。他会给我们做好吃的大餐，也总会逗乐我的女室友们。晚饭后，他一个人躲进浴室，我过去一看，他正趴在那儿清洁浴缸。他会给我洗衣物，把洗好的衣服收起来叠好。在生活上我没有什么好抱怨的，他一直都是这样做的。我当时还认为，我再也找不到像他这样的男人了。

拉米很快赢得了我的女性朋友们的欢心，因为他表现得很真诚。拉米是有爱心、有保护欲、很体贴的男人。一天晚上，我的朋友们在聊她们体重增长了多少、她们不喜欢自己的头发、自己该做怎样的整形手术好变得更漂亮迷人的时候，拉米在一旁安静地听着，然后突然说："嗯，无论布兰迪变成什么样，我都喜欢她。哪怕她突然增重 100 磅[①]或断了手臂，我仍然愿意为她摘下天上的月亮。"

我跟拉米保证，一年内会回佛罗里达州。我们的关系在进一步发展之中，不过有点反复无常。我们的关系就像戏剧一样——我们的生活充满戏剧性，而我们也陶醉其中。争吵时我会提起旧事："记得那一次，我们在一处偏僻的地方吵架，我从车里跳了出去，而你一个人驾车离开了。"关系糟糕的时候，他会因为我朝别的男人微笑而把我一个人丢在餐馆里。我总是担心拉米会趁我不在他身边时跟他那些朋友做出什么事来。但无论怎样，我和拉米还是尽量两周见一次面。要么他坐飞机来看我，要么我去找他。这期间，我总是感到困扰，我的头脑里一片混乱。我最好的闺密，因为实在厌烦了我

① 约合45公斤。——编者注

和拉米的故事，所以摇了摇头，评论说："如果再继续下去，你们肯定会疯。"

我当时并没有想那么远，不过静心回忆，我总会想到他当初没有告诉我婚姻状况的事。这种刻意隐瞒已经让我们的关系崩溃过一次——而我也变得更谨慎。我并不急于结婚，打算就这么过下去得了，但怀疑的种子早已种下。那一刻可能奠定了未来一切的基础。

我不知道我们是否适合继续相处，我不知道他是否约过别的女人。我分析我们的关系好的时候是什么样的，坏的时候又是什么样的，并为找到真相而痛苦。我把一切都记在日记里。遇到不开心的事，我会说明原因，然后又找理由自圆其说。开始实习时，有时候听病人倾诉问题我也会发一会儿呆，因为听男人们倾诉他们的故事总让我想起拉米，总让我想到男人可能会做出让女人不好受的事情。

即便不在办公室里，我的思绪也未曾停止。我开始列清单，列出拉米的好品质和坏品质。我找情感故事来读，希望借此平复自己的情绪。我有时候觉得拉米是沉迷女色的坏男人，有时候又觉得他只是对女人比较友好；有时候觉得他是个精神错乱的骗子，有时候又觉得他只是想吸引我的注意，想要保护我；他的谎言也并不都是那么糟糕，其实那只是在恭维我，或者表示亲近。

同样，我也会给自己列清单：我是不是只关注了他糟糕的一面，而没有看到积极的一面？我是否才是让自己头疼的罪魁祸首？他很优秀，而我太疯狂了。

我想问自己一个简单的问题，以平息心中纷繁的思绪，我称它为“能够决定去留的黄金问题”。曾经我在某情感论坛上看到过这样的问题：“他给你的生活增添了活力还是让你的生活失去了活力？”这个问题引起了我的共鸣。我的精神状态时而饱满，时而空虚。

母亲问我：“你喜欢他跟你在一起吗？如果你想要跟他共度余生，最重要的是，你要真正享受他的陪伴。”

一个朋友也问我：“他会在经济上给予你支持吗？”

我也问自己：“我跟他在一起是为了爱，还是为了满足我对爱的幻想？我跟他在一起是为了爱情，还是为了满足我的自我？我为什么要跟他在一起？”

阿列克斯丨

女人要的浪漫是什么

“我在切尔西一家安静的地下酒吧认识了那个俄罗斯男人。我们坐在壁炉旁的角落里，谈论我在乌克兰发表的新闻报道。他说他是个外交官。”

这是我第一次见卡莎时她说的话，当时她的男朋友阿列克斯来我这里咨询已经两个月了。卡莎是一位自由作家，来自捷克共和国，她颧骨很高，眼睛如杏仁，黑色的眼线长至眼角，更添一丝妩媚。卡莎正在激情澎湃地讲述她最近一次邂逅时的情景。

“他深黑色的眼睛让我沉醉不已，”她温声说道，毫不停顿，“我提问的时候，总觉得他好像知道我想问的究竟是什么。我不敢相信我们真的坐到了一起，我猜，他应该能感受到我因为痴心于他而颤抖。”

“他一定感受到了，因为他突然用手指抚过我的双唇，阻止了我继续提问。”

“我从未遇到过这么浪漫的男人……”

“现在，你明白我为什么不愿意跟我男朋友亲热了吧？”说完一段令人脸红心跳的故事之后，卡莎轻声问道。

啊，是的，我明白了。

卡莎的故事让我入迷，不过我可没有像她那样陶醉在这个故事里，相反，我很快平复了心情，重新开始诊疗。我之所以痴迷于她的故事，是因为我发现卡莎与阿列克斯说的完全不一样。据阿列克斯所说，卡莎一点也不想跟他亲热。交往 3 年后，阿列克斯来我这里咨询，说卡莎对他太冷淡了。

单独诊疗过几次之后，阿列克斯就迫不及待地提议带卡莎一起来。他丝毫不知道卡莎有了别的男人，他觉得他们的感情还算不错。然而，我却知道，现实和他的感觉之间有一条巨大的鸿沟。我之前很轻易地相信了阿列克斯说的他们之间的故事，也对卡莎背叛他感到不平，好像卡莎背叛的是我一样。

卡莎的事情直接提醒了我：不能完全站在病患的角度看待他们说的故事，不能将他们的一面之词信以为真。

我不想批评谁，但在见卡莎之前，我还担心是阿列克斯不喜欢激情和浪漫。阿列克斯是某药物公司的药品开发研究员，他穿着工装卡其裤和领尖有纽扣的衬衣，戴着金丝边眼镜。我认为，他应该是个务实的人，把工作放在第一位，缺少浪漫情趣。

说起卡莎时，阿列克斯的话有的放矢，而且摆出一副紧张兮兮的样子，很容易就能看出他的焦虑。他总在调整自己的眼镜，手指不断摩挲着裤腿上的褶皱。他跷起二郎腿，好让自己的腿部保持不动，一只脚却不停地晃动。与此同时，他拿出一个笔记本和一支笔，像个好学的学生，满怀期待地等着我的反应。

我总是本能地想要保护阿列克斯这样的病人。他才智过人，为人迂腐，只相信自己，完全是个“书呆子”，但又不冷漠，不会拒人于千里之外，他待人热情，很有亲和力。他也许懂很多知识，但在爱情上，他是无知的、热切的。

阿列克斯敞开心扉，告诉我他来见我是因为他对我进行过考察，知道我擅长诊疗女人。我没有否认，还告诉他，女人普遍存在性抱怨，但她们并不会为此来咨询医生。虽然与男人相比，在患上抑郁症、焦虑症，面对悲伤难过或婚姻问题时，女人进行咨询的概率更大，但谈到亲密度时，她们总认为矜持是正常的。

见过卡莎之后，我真不敢说他们有多了解彼此，更别说对彼此有什么归属感了，他们完全是两种人，但他们已经交往 3 年了。卡莎喜欢写政论文章，想变得更有名气。她说她肯定阿列克斯的恒心，尊重他的才华，他知识广博，既鼓舞了她，也激励了她。她野心勃勃，他却脚踏实地。他喜欢规律而稳定的生活，她却求新、求异。

阿列克斯和卡莎在曼哈顿上西区有一套公寓，只有一间卧室。那之前，卡莎跟其他国家的移民们一起住在纽约州皇后区。她说，那段时间对她而言是很不稳定的，她一会儿自我怀疑，一会儿又对未来充满希望。跟阿列克斯在一起后，卡莎感觉他们融入了纽约文化里典型的外籍年轻知识分子的群体之中。他们结交有趣的朋友，都热爱文学、诗歌和政治，每天早上一边吃百吉饼、喝咖啡，一边一起阅读《纽约时报》。

我想知道，卡莎被阿列克斯吸引在多大程度上是因为她需要他。对所有的情侣和夫妻而言，这种需要在某种程度上普遍存在，而对于卡莎而言，我认为，虽然她来到纽约象征着她喜爱冒险和新鲜事物，但她也需要一定的安全感，以确保自己能去探索。阿列克斯给了她安全感，但在适应了阿列克斯之后，她就又需要更多、更大的刺激了。阿列克斯目前尚且能够满足她，所以他们彼此还能相安无事，但若要进一步发展，他们就要发掘更多共性，共同成长，否则这段关系将无法维持。

阿列克斯提议让卡莎来见我。他其实希望两人一起过来，但我提出先单独见见卡莎，我以前经常这样做，这样，我就能从卡莎的角度了解他们的故事。果然，与卡莎见面时，她就把他们的情感故事都告诉了我，还向我透露了自己出轨他人的经历。不过，出于医者的道德伦理观念，我必须替她保守这个沉重的秘密，小心翼翼地呵护她的隐私——正如她那样。再面对阿列克斯时，我感觉自己是卡莎出轨的同谋。

我再次约见了卡莎，想要先评测一下她对与阿列克斯这段感情的投入程度，然后再考虑是否把她出轨的事告诉阿列克斯。

“是的，我想跟他在一起，”她说，“但老实说，我并没有那么迷恋他。我想跟他在一起，是因为我知道我找到了一个好男人。我可以相信他，而他对我也很好。但有时候，我觉得在这段感情里，他就像我的兄弟或好朋友，我想，所有的爱情到最后都会变成这样。”她很肯定地说，语气中充满无奈。虽然她的态度有点玩世不恭，但难掩她对现在感情生活的不满。

“对啊，如果事实就是这样，该怎么办呢？”我继续问，我想利用她的悲观情绪再刺激她一下，“如果激情会随着关系的发展而逐渐减少，那该怎么办呢？”

“哦，天啊，那该多无聊啊。”卡莎说着，摇了摇头，又转了转眼珠，“是的，我觉得很满足，很安心，但是生活缺乏激情。我需要激情，我不想永远都过像现在这样平淡的生活！”

卡莎不想在安全感和激情之中做出选择，不过我们终要做出抉择——究竟是选择平淡的生活，还是选择激情澎湃的生活。许多人不选择激情，却在婚姻之外追求激情，以释放他们的生命力。然而我不太确定这种矛盾的局面是否真的存在，如果存在，也许只是因为当事人做错了选择。

我曾听别人说，激情是会逐渐消失的，而对我来说，这意味着灵魂的消亡。我无法接受这样的事实，即恋爱时的激情终将消失，如果想要长久、稳定的关系，我就应放弃激情，转而追求安全感。缺乏激情为什么没有有效的解决方案？究竟是我做错了，还是现实本就如此？这让我很好奇。也许我可以从自己的感情生活中找到答案。

我决定先思考在自己的爱情中，我能做些什么来维持激情，以免成为另一个安全感和激情博弈的受害者。我要控制自己的欲望，这是我的责任。

一次，我跟拉米去他的家乡游玩。我们当时非常相爱，爱到仿佛没有了理智。我既深爱他又畏惧他，我不想结束这段感情。我记得我一直坐在他身旁，欣赏着他的唇形以及说话时两排牙齿之间的小缝隙，我仿佛要迷失在他俊美的容颜之中了。我总是去触碰他，抚摸他橄榄色的皮肤以及浓密的黑头发。我想深入他的内心，探索并占领他心中的全部空间；我想融入他所有的记忆，让他永远忘不掉我；我想穿梭回他小时候的世界，跟他一起住在那个小村庄里，跟他一起忍饥挨饿，睡在他赖以容身的难民营单间里。

当时，我们刚刚认识 5 个月，而我的研究生时光只剩最后一年了。虽然我在课堂上一贯很专心，但那段时间我很难集中注意力听课，因为我总是忍不住做关于拉米的白日梦。我回忆着前一晚他跟我相处时的情形，想象接下来这一天我该怎么同他过。爱情如此美妙，能让人忘乎所以。

研究发现，最和谐、最舒服的夫妻拥有的激情反而最少。而距离感、新鲜感、危机感和掌控感有助于增添激情。

对所有的长期情感关系而言，这可不是什么好消息。

我从来没将什么研究太当回事，因为读到最后，我总能看到各种相互矛盾的结论。但我不禁想，这些研究可否运用到阿列克斯和卡莎的咨询中去。他们相处时是相互平等的，他们的关系似乎让他们觉得很舒服，他们似乎适用这种方法，不过卡莎还想要更多激情。这种新鲜的冒险感是让她投入其他感情的缘由吗？我想知道她究竟想找什么，以及这种被我们称为激情的东西，究竟是由什么构成的。

“跟我说说你与阿列克斯恋爱的过程吧。”我说。

“一开始，我们也挺有激情的，但现在很少了，非常少。”

卡莎说着，用大拇指和食指比画了一下。她认为阿列克斯“温柔、多情”，他们的相处也是“模式化”的，但她告诉我，在很长一段时间里，她都不介意这些，因为她有被爱的感觉。“他会深吻我，会看着我的双眼，会抱着我。他温暖的怀抱让我很有安全感，很满足。”

卡莎说着，皱起了眉头。

“那，有什么问题？”

“但是，时间长了以后，我发现，他比我更想亲热。但一整天的工作过后，我感觉很疲惫，想早点睡。”

“这让你有什么感受？”

“我很难保持热情，现在，我已经完全没有兴致了。”

“在不想亲热的时候答应他，亲热不就变成了履行义务？”

“我觉得应该让男人开心，这样他才不会变心。”她厉声说。

“你觉得你在不想亲热的时候配合他，会让他感到幸福、开心吗？”

“当然。但他感觉不到我的想法，我想什么他一点也不知道。”

对卡莎而言，这样做很符合逻辑，但我知道，这会让男女双方陷入性孤独之中，而这是关系疏离的第一步。当亲热变成职责，那这件事就变成了一项杂务，是日常要做的事项之一。情况好的话，你或许不会介意；情况坏的话，你会厌恶，哪还有什么自然的享受？

卡莎跟我说话的语气带着一些优越感。她说话时很自信，好像要让我了解一些女人对男人的传统智慧观念。卡莎并不知道，女人单纯配合时的表现，男人是能够察觉的，也会因此受到伤害。事实上，阿列克斯说过，过去的一年里，卡莎在亲热时总是“心不在焉”。他说，她的吻很敷衍、很不耐烦；她的触碰是僵硬的、机械的；她眼神空洞；她在家的时候很邋遢，但上班时的着装很性感。虽然卡莎做戏“投入”，但是缺乏温情。阿列克斯更努力地想要取悦卡莎，然而他越是努力，她越是没有兴致，他的挫败感就越强。

“就像木偶一样，”阿列克斯这样告诉我，“她看起来很享受，但没有真正投入其中。”

阿列克斯对此感到恼怒，却从未让卡莎了解他内心的挣扎。他认为，这只会让他们的感情状况更糟。当他无法忍受自己心中的不安全感时，就来见我了。

“你认为这样没有伤害阿列克斯，是吗？”我问卡莎。我真想告诉她，阿列克斯识破了她的伪装，但我没有这么做，只问道：“这种游戏对你造成了什么伤害？”

卡莎微微一笑，害羞得低下了头，却没有回答我的问题。这让我认识到，无论她在阿列克斯面前如何表现，无论她有多美，其实卡莎在身体方面都缺乏自信。她在阿列克斯面前的表现都是装出来的。

“假装投入，你不觉得无趣吗？”我问。

“我跟那个俄罗斯人在一起时才不会无趣。”她说。

我没有问她最喜欢跟那个俄罗斯人在一起做什么。据她所说，那个俄罗斯人很性感。

“你觉得，你是跟那个俄罗斯人在一起时更性感，还是跟阿列克斯在一起时更性感？”

“当然是跟那个俄罗斯人在一起时更性感。”

“我怀疑你说的话。为什么跟不同的人在一起时你对自己的感受会不同呢？”

卡莎并没有回答我，而这个答案也不像你们认为的那么显而易见。事实上，她跟那个俄罗斯人之间的故事让我肯定了我对她的判断：她并不是一个坚定而自信的女人。“你知道吗，你跟那个俄罗斯人在一起时，你是顺从他的；跟阿列克斯在一起时，你是被动的，所以，在这个过程中，你发挥了什么作用？”

其实，我问的问题是：“你把自己放在什么位置？你想要的是什么？”

“我当然有用！”卡莎反驳道，“我让那个俄罗斯人想得到我，让阿列克斯关注我。”

“你说的是你想得到别人的肯定和认可，而不是说你发挥了什么作用。”我说，“你知道你想要什么吗？你知道你需要什么吗？你知道你的欲望的多少吗？你知道那个俄罗斯人的欲望的多少吗？”

听到我的问话，卡莎沉默不语。我静静地等待她的回答。我希望她能够坦率地回答，而不是抱着戒备心理沮丧不语。

终于，她回答说：“我不知道。”

这正是我希望她明白的。她什么也不知道。是的，她很会装作有魅力的样子。她相当了解男人想要什么，却不明白自己想要什么。她想要的是被人需要——而且是不用付出太多，别人就需要她。这更多的是一种情感上的需要，是女人长期没有激情时的标志性需要。用身体的吸引力培养自尊心是有效的，不过也只在短期内有效，这种有效性无法持久。我想让卡莎思考一下，除了想要获得认可，她还想通过激情证明什么。而她应该首先认识到，她不知道自己想要什么。

“了解你想要什么，就是让你掌控自己。”结束的时候，我说，“明白自己不知道想要什么是一个良好的开端，下一次咨询我们就从这里开始。”

卡莎看起来有点恼怒，又有点困惑，还有点挫败。她丝毫不知道这个亲密动机的概念是什么意思。但是，我知道她会回忆我们的对话，然后去判断，去分析，她很擅长分析。但我担心她跟俄罗斯人的激情会令她一叶障目。

我不想因为她享受自己的性感和美丽而借此打击她，相信我，我很欣赏美貌又性感的女人。事实上，当女人觉得自己性感、对自己感到满意的时候，她会更想要激情。不过，卡莎的这些风流韵事让她更加自恋，她极度渴望获得别人的肯定，这阻碍了她发现其他的情感动机。卡莎知道男人们想要什么，所以她将自己打扮得十分性感，享受着男人们的注目礼。但是，那些按照普通男人的喜好装扮性感的女人仍然不是真的性感。这就像虚假广告：她看起来性感而魅惑，一旦跟男人在一起，她就会假装清高，戴着墨镜，然后不理男人，她希望自己在看喜欢的电视节目时，男人不要过来捣乱，一旦男人过来捣乱，她就会很烦。为什么会这样？因为开始时她只是把自己打扮得性感，就像演戏一样，而演戏是很累的，人不能一直演戏，所以她最后只会放松、做自己。

阿列克斯明白了卡莎的问题，我也明白了。他知道他和卡莎之间缺了点什么，他因此而自责。不过，即使解决了他的疑惑，问题也只解决了一半。即便在跟那个俄罗斯人在一起时，卡莎也没有表现出真实的自己。我们都知道，人有一种与生俱来的敏感，能够敏锐地察觉到不真实的感情。婴孩们知道母亲什么时候不开心；我的病人们知道我什么时候没有专心听他们倾诉。

我总是问我的病人："你真正想要的是什么？"这个问题他们通常都很难回答。

大部分人不知道该怎么回答，这意味着我们必须好好地、深刻地了解自己。但最终，我还是希望让他们知道，长久的爱和不太容易长久的激情之间的差异究竟是什么：爱不是一场表演秀，不是虚幻的东西。令人诧异的是，许多人都会追求激情，却不懂得爱究竟是什么，他们因此会压抑自己内心的爱。卡莎并不知道自己的情感倾向，因为她太享受因感到被需要而建立的自尊。激情的确能够满足人的情感需要，但激情并不只带给人精神上的享受，也能让人产生生理上的享受。我想帮卡莎找到激情，因为那是一种重要的生命驱动力。

虽然卡莎来我这里咨询过两次，但她不是正式的患者，阿列克斯才是。我怀疑，阿列克斯现在的处境很糟糕。起初，跟卡莎亲热变成了模式化的活动，而后，激情越来越少，这是谁的错？我想起以前跟母亲抱怨生活无聊时母亲说："你觉得无聊，是因为你自己就是个无趣的人。"

为了让自己不无聊，你必须为你的快乐负责。激情也是如此。阿列克斯和卡莎都必须为经营感情付出努力，阿列克斯不知道该做什么，而卡莎则希望自己的伴侣能带给她欢愉，但她自己不去创造。这样，可怜的阿列克斯自然比不上那个俄罗斯男人。

“我觉得，卡莎不爱我了。”一天，阿列克斯对我说。从刚开始咨询时他对感情的坚定不移，到他建议我见见卡莎，这期间他改变了很多。现在，他像身处某处悬崖顶端。他看上去很有挫败感，担心自己会失去卡莎，我也替他感到难过。

“我们仍然是最好的朋友，我们仍然对彼此深情，但我们之间没有激情了，她……”

我打断了他的话。“那你做了什么来吸引她？”我还把我母亲说过的关于无聊的话告诉了他。

“嗯……我试图让她重拾激情。我问她我能为她做什么，但她什么都没说。”

阿列克斯承认，他买过很多自助型书籍，学着取悦女人，却不明白为什么他越尝试，卡莎越不感兴趣。我任他自叹倒霉。毕竟，大部分女人都曾受单调的情感生活的痛苦折磨。

“我听得出，你真的很想取悦她。”

“是的，当然很想。”

“你认为，取悦她就是让她享受激情？”我希望他能听出我话语中的讽刺意味。

“我很照顾她，她应该感到开心，不是吗？”

“但这不只跟激情有关。”

阿列克斯露出理解的表情，但还是没理解透彻。

“你是带着这个目的去做那些事的，”我继续说，“我希望你能丢掉那些从自助书上看来的技巧。衡量你们的亲密度不是在做计算题！”

阿列克斯不自然地笑了起来。

“你应该关注这个过程。你们在这个过程中的互动才能让你们真正感到兴奋。”

“让我们看看，你现在有什么进步。”我说，“我猜，你现在应该学会讨好卡莎了。”

我发现，我的男性病人们都是这样的：学到了一些技巧，但没有自我控制能力和勇气去实践。

“是的，”过了一会儿，阿列克斯才说，“但可能不是最撩人的方式。”

“你平常会不会做让她感动的事？”

“我以前认为我不需要努力去感动她。对我来说，那太麻烦了。”

“太麻烦？”

“如果她爱我，她自然会想跟我在一起。”

“这可不对，阿列克斯。无论友情还是爱情，你都应该花费精力去维持。你对她很好，但这只是把她变成了你最好的朋友，你弄错了最重要的一点：你不只是她的朋友，你必须成为她的‘玩具’。”

“什……什么？”

“是的，你没听错。你应该成为她的‘玩具’。”我重申了一遍。

我知道有些人可能无法接受这个词，但我仍然认为，如果阿列克斯愿意放弃一部分主动权，他就能成为一个很棒的伴侣。

“卡莎不只是你的朋友，”我说，“她更是你的情人。”

“我想让她像我爱她一样爱我。”他说。

“我不是这个意思，”我说，“她是你的情人。”

我想起弗洛伊德的理论：恋人对彼此的感情太投入，会将彼此看作家人，而不是情人，这样，他们就不会再对彼此有情欲。

我想给阿列克斯提供一种新的情感关系处理模式，我想改变他与卡莎的亲密关系模式，重新点燃他们的激情。

也许，看一些相关视频会让阿列克斯有反应，也能让他不再那么焦虑。我知道，对待患者时，我不能把自己的感情观强加给他们，我必须让他们自己领悟。

“我们来看看，你应该怎样应对现在的感觉。你担心失去她时，你的身体会有什么感觉？”

“我的胃在紧缩。”

“你能够将这种焦虑感转化为激情、转化为对卡莎的强烈渴求吗？”

阿列克斯耸了耸肩，显然不太确定。我让他闭上双眼，问他有什么感觉，是否想到了什么。

“很难过。我希望能留住她。”

“好的，尽情发挥你的想象力，想象一下，该怎样通过激情留住她。”

“我想……想把她留在我家里，这样她就不会离开，她就只属于我一个人。”

“很好，你要怎样让她不离开你？”

“我可以把她绑起来。”

“很好，继续。”

“我要把她绑起来，让她发誓她只属于我。”

“你会让她取悦你。”

“是的，我会尽情享受这个过程。”

我问阿列克斯，这个训练让他感觉如何。“我觉得充满了激情。”他说。很好。我让阿列克斯继续想象，将他的恐惧感全部化解。接下来的几次咨询里，我都让他这样做训练，我也要求阿列克斯自己进行这样的训练。后来，我还布置了一项“家庭作业”。

阿列克斯一向好学，可塑性很强，这让我能够顺利教导他。我担心我的策略不会成功。这一次，我的确花了时间、冒了险，因为如果卡莎对那个俄罗斯人很感兴趣，那么她可能并没有做好准备去点燃对阿列克斯的激情，但是我知道，她还是希望留在阿列克斯身边，所以我认为值得冒险。

我告诉阿列克斯，晚上回家后，他应该发挥想象中的激情。“例如，轻声在她耳边说话，告诉她你非常爱她。告诉她，她很美，你只想和她永远在一起。然后停下来，让她对你产生欲念和渴望。”

我从没有给过患者这样详尽的指导，但我知道，我应该尽全力帮助阿列克斯。我希望利用他对卡莎的热忱，让他把握机会，创造点燃激情的机会，改变他与卡莎一成不变的生活。

当然，更重要的问题是，我能帮阿列克斯建立一种新的观念吗？这完全是主观上的改变，他真的能够向卡莎展示他的魅力吗？

我离开办公室后，仍高兴地想象着阿列克斯回家后会怎么做。我迫切想知道成果。我相信，这一次一定能成功。

第二周，阿列克斯来访，我问他“家庭作业”完成得如何。

“我没有做。”他说。

听到这一回答，我的第一反应是检讨自己。我是不是太急于求成了？也许我这样只能让他更加焦虑，让他遭到卡莎的拒绝，但即便遭到拒绝，我也不认为这是不好的。成长需要应对焦虑。我发现，对来我这里咨询的很多病人而言，“作业没完成”反而会因为别的缘由而成为好事。让病人发挥潜能有助于清除他们真正需要解决的、隐藏在潜意识之中的问题。

“我想到很多好办法，”他说，“不巧的是，卡莎近期忙于工作，经常不在家。回到家时，她很疲惫，直接就去睡了，所以我没有机会按你说的去做。”

“但至少你产生了幻想，这种幻想对你有什么影响？”

“我很紧张，但还可以应付。这让我换了个角度去考虑跟卡莎的关系。”

“这些幻想中的内容有特定的主题吗？”我这样问，是想确认他不会做出暴力性或伤害性行为。

“我想知道我想要什么。我发现，在绝大多数情况下，我都只想着卡莎想要什么，所以我一直在想象她是怎样取悦我的。”

“这让你有什么感受？”

“从某种程度来说，我觉得更自信了。”

“那还有什么问题吗？”

“我不再只想着如何取悦她，我有点难过。”阿列克斯在沙发上扭来扭去，想让自己坐得舒服一些，“我这样想象着，当我看到卡莎时，虽然我不会真的去做什么，但我还是僵住了。我很焦虑，因为我将要做出的行为跟平常太不一样了。她会怎么想？我不想让她觉得我在演戏。”

“这很重要，阿列克斯。但问题是，你以前的确是在演戏，而现在，你是在努力表达自己真正的欲望。”

“听起来很奇怪。”

“让你感觉自信的那一部分，”诊疗快要结束时，我说，“我希望你能不断回想那部分内容。”

我怎样才能让阿列克斯不再去想卡莎想要什么？那样，卡莎会怎么看他呢？他总是把卡莎放在第一位，而我希望他能先考虑自己。当然，她可能会诧异他究竟怎么了，她可能不会马上回应他，或者根本不回应他。但如果阿列克斯不能克服自己的恐惧心理，总认为自己没有机会做出改变，那他们的关系可能会终结。

我很惊讶，我的许多男性病人都因为太想满足女人而焦虑不已。从一定程度而言，我相信男人们真的在意女人是否快乐，以致忘记了自己是否快乐。但如果仅凭激情去判断女人是否快乐，那是不对的。问题在于：男人们总想知道该怎样取悦女人，而女人们却总是纠结于是否要接受男人的示好。真是够矛盾的。

之前，我的一位闺密告诉我，她在跟一位律师约会。她说他在工作中雷厉风行，但跟她在一起时非常拘谨，所以他们在一起时总是她主动，他就僵在那里一动不动。这家伙究竟是怎么了？

阿列克斯有一种急切地想要取悦卡莎的过度需要，我必须找到方法帮他建立自信心，以缓解他的焦虑感，同时帮助卡莎重燃激情。卡莎之所以没有激情，肯定与阿列克斯有关。他之所以总想亲热，是因为他担心他们的感情会破裂，他需要获得肯定和保障。她的顺从显然代表她仍然需要他，但他太频繁地索要，反而让她失去了兴致。

有时候，想到这些，我会感到厌烦。生理需求应该是简单而自然的，我们为什么要去探究其中的动机呢？

但事实上，生理需求并不简单。

几周后，我全身湿透地抵达了办公室。因为买的雨伞太廉价，被风吹得完全翻了过来，我淋成了“落汤鸡”。我查看了手机的语音邮件，发现卡莎给我发来一条语音信息，她问我现在方不方便接受她的咨询。

现在，她仍然不是我这里正式就诊的病人，不过我需要弄清楚她对阿列克斯的感情，然后才能考虑让他们一起接受问询。我让她午饭后过来。

“今天上午上班时我收到一个匿名包裹，”她告诉我，“里面有一条黑色的酒会礼服，还有一张小纸条，邀我晚上八点去四季酒店约会。但是，包裹没有留寄件者签名，我确信一定是那个俄罗斯人，我该怎么办？”

“你的第一反应是什么？”

“我充满期待，很兴奋。我大摇大摆地在办公室里晃，感觉比那些在电脑桌旁工作的同事更有优越感，因为我有个浪漫的小秘密：

一个强壮而神秘的男人邀我约会。”卡莎尽情发挥着作家那天马行空的想象力，“一整天我都在想该怎么打扮，戴什么配饰，晚上会怎么度过。”

“然而，你今天还是急切地来见我了。这是不是意味着，你还是不太想去赴约？跟我说说你为什么会矛盾吧。”

“我真的爱阿列克斯，”她说着，眼里突然泛起了眼泪，“我开始觉得自己有罪，他就是我想要的全部。我很享受跟他说话聊天，很享受他的陪伴。我感觉得到他很爱我，很倾慕我。他是我最好的朋友，我害怕失去他。”

“但是，你需要激情、刺激和冒险。”

“是的。我无法想象没有激情的生活是什么样子的，”我感觉对话又回到了原点，“所以我想跟阿列克斯分手。”

“激情、刺激和冒险的确能给人带来活力和生气，”我说，“那个俄罗斯男人唤醒了你的激情。他的攻势强烈，甚至让你开始质疑一段你感到十分充实的感情。”

“但是那个俄罗斯男人是真的性感，”她叹着气说道，“为什么跟阿列克斯在一起时我没有这种感觉呢？”

这个问题很好，很棒。我让卡莎暂时不要想阿列克斯和那个俄罗斯男人。我把我的想法直接告诉了她，我没有探寻刺激她激情的外在因素，而是问她必须为此付出什么。“你能够主动创造激情吗？”

“当然，我很性感。”她坚称，好像我的问题很荒谬。

“你看起来很性感，”我说，“表现得也很性感。但跟阿列克斯在一起时，你是被动的，跟俄罗斯人在一起时你很顺从，你究竟想要什么？”

卡莎仍然没有回答这个问题，她看着我，像是要我给她一个答案似的。“你不知道自己想要什么，因为你回避了自己的感受。你现在不知道该怎样做，其实就是你的内心在提醒你。”

“那我该怎么做？”卡莎哽咽着低声问道。

“你要重新开始，探索自己的情感需求。阿列克斯是最好的选择。但你还需承担这个选择带来的风险，你需要应对这种关系的不确定性。你必须关注自己的内心。”

我认为，增强激情的四个因素——就是前文提及的距离感、新鲜感、危机感和掌控感，都只是简单的刺激物，能让人短暂地保持兴奋，确切地说，就是头脑中分泌多巴胺产生的结果。适度地释放多巴胺，会让人感到愉悦，而且即便在释放过后，人仍然能感到愉悦。激情四射却没有安全感，人的欲望同样也会减弱。

治疗师在布置作业的时候，一直都想让患者保持安全感和激情的平衡。患者们也抱怨，有计划的约会和制造激情这样的作业都太过照本宣科了。他们有的不愿意去做，有的做过一次就不再尝试了。我尊重他们这种感受，因为他们已经因自己的装模作样而感到难过。他们想要自然而然的激情，而办法就是自己创造机会。最重要的问题是，怎样才会有自然而然的激情，尤其是在我们已经接受了保守型教育的情况下？

激情并不像卡莎认为的那样，只跟外表有关。激情就是能量，是我们内心都有的一种欲望，它并不只因为看到了俊美的人而起，也不由爱之女神或神秘莫测的俄罗斯男人而生。有时候，别人只是看了我们一眼，我们就燃起了激情；一旦我们感受到或看到相关场景，我们自然会明白。欲望的力量比实质的相处效果更显著，它赋予我们激情、创造力和活力。然而，我们本能而发的激情是脆弱的，很容易因我们的情感关系、我们接受的教育和内心的感受而遭到限制、忽视或削弱。结果，我们就会缺乏激情。

我发现，激情培养需要过程，不只是两个人在一起就可以了，这也是我们认识自己的过程，是我们的自我成长之旅。

我想起电影《落跑新娘》里的一个场景，由茱莉娅·罗伯茨饰演的女主角总在寻求别人的赞赏和认可，所以她跟谁在一起，就按谁的方式点餐。然后她发现，她从未真正追求过自己想要的东西，所以她总是从现有的生活中逃离。最后，她自己做了一桌蛋类的美食，坐下来细细品尝，看看自己究竟喜欢哪种口味。这就是自我探索的开始，也是卡莎需要做的。

卡莎很兴奋地离开了，然而，她心里也不太确定要不要去赴约。后来，她用同样富有文采的语言，向我这样描述这次约会。

> 那天晚上八点，她准时抵达了四季酒店。头顶的枝形吊灯光线柔和，照在她合身的黑色酒会礼服上。她赤褐色的长发垂顺披肩，眉目含情。酒店里原本人声嘈杂，但在卡莎环顾四周找那个俄罗斯人时，大家纷纷向她行注目礼。突然，她停下了脚步，所有人都安静了下来，她只听到自己的心怦怦乱跳的声音。那边有个男人，靠着柱子站

立。那人身穿笔挺的黑色礼服，手里握着一杯马天尼酒，却不是那个俄罗斯男人，而是阿列克斯。

“你真美，我很开心。”她刚走过去，阿列克斯就开口道。他递给她一把钥匙，说：“你先去楼上吧，我随后就来。”

进入房间后，卡莎发现床上居然有个盒子，里面装着一件美丽的睡袍。她一边慢慢打开，一边想着，是阿列克斯，而不是那个俄罗斯男人。令她吃惊的是，她心里居然涌过了欢乐和轻松的暖流。那时，她才认识到，她跟那个俄罗斯男人的相处方式正是她想与阿列克斯尝试的相处方式，也是她想努力做到的。

那天下午离开时，卡莎仍然很矛盾。她仍然不明白激发自身激情的重要性，只是为收到那条裙子而兴奋。

我丝毫不知道阿列克斯还送了裙子，直到后来阿列克斯过来咨询时，才把这件事告诉了我。他还带了卡莎过来，他们都因共度那个良宵而愉悦，想把这个故事告诉我。

阿列克斯做的比我布置的要多得多。他的确冒了巨大的风险。我也不知道为什么我听到这个消息会如此惊讶。阿列克斯是个专心的、用功的学生。我想为他喝彩。他发掘了他在激情方面的能力，并且运用自如。我无法将这个技巧传授给他，只能给他相应的提示。阿列克斯的行为证明，他的确克服了自己内心的恐惧感，完全发挥出了自己的潜能。

我为他们感到自豪。

让我意外的是，那之后他们再也没来我这里咨询过。

他们是不是认为那一次成功就意味着功德圆满，所以想要就此终止咨询诊疗？病人们普遍会犯这样的错误，而这样他们只会收获失望。刚有了突破就放弃咨询是很不明智的，他们要走的路还很长，还会有坎坷，暂时感受到的满足和希望会让他们忽略这一点。

阿列克斯和卡莎共度了那浪漫的一夜，这是一次重大突破，但对绝大多数人而言，改变仍是一个循序渐进的过程。新的想法和情感终会涌现，转而变成行动。培养新的行为习惯是很痛苦的，这是一个反复无常的过程。虽然阿列克斯和卡莎已经尝到了改善他们关系的甜头，但我仍然对他们的关系能否持久感到担心，我也不确定那天晚上在四季酒店发生的事情后续会对他们有多大的影响。

我的怀疑并不是因为阿列克斯，他已经做了他能做的，但我不太相信这一套适用于卡莎。我跟她接触的机会不多，但也明白她防御心极重，也很有竞争意识，不愿意为了长远的利益放弃眼前的利益。卡莎很聪明，但自我反思能力不强，这主要是因为她是个美貌的女人，男人们都很倾慕她，都夸赞她，她从不知道，这种夸赞背后另有玄机。美好的泡沫一旦破灭，我猜她会非常痛苦。

我也不认为她会就此放弃那个俄罗斯男人。

如果说我还有什么可期待的，那就是期待阿列克斯和卡莎发自真心地珍惜他们的感情，再加上他们为此不断努力，这会进一步巩固他们的感情。也许他们的情感关系会成为心理治疗史上进步最快的情感关系之一。而在四季酒店的那场约会就是他们感情升温的催化剂。这种情感危机以及在感情中体会到的失望感和恐慌感，会带给我们一种严峻的考验，以至于一次经历就能让我们刻骨铭心，让我们做出只有爱才能推动我们做出的深刻改变，并一直持续下去。

保罗 |

强势的女人让我倍感压力

开了私人问诊室几个月之后，一个炎热的夏日下午，我回家时看到房子前门上贴了一张搬迁通知，房里停了电，我的室友们乱成了一锅粥。我们这才知道，“房主”内斯特将房屋非法转租给我们后卷款潜逃了。房东发现我们住在那里，指控我们非法居住。他切断了供电线，还威胁说，第二天就报警来没收我们的财产。我走进去，房里很热、很昏暗，一片狼藉。我发现，观察人们在混乱中的反应是件很有趣的事情。苏菲偷拿了我一堆衣服，搬去了皇后区（那之后我再也没收到她的消息）；我和另外三个人匆忙在网上找了一处房子开始合租，新住处就在我的私人诊所那条街的另一头——位于时代广场中心地带。

我们快速定好的房子，自然不是常见的公寓式建筑。那栋房子的第一层是一家吵闹的爱尔兰酒吧，第二层被一家按摩屋租了下来，我和我的朋友们则占据了第三层和第四层。我们的前门就是二楼按摩屋旁边的那扇门。我们四个都是女人，都很高兴能找到这样一个住所。虽然这里的房间之前都是当办公室用的，但我们都很开心，因为我们有了各自的房间，地板上铺着办公室才会用的便宜地毯，这总在提醒我，我以前的卧室不过是个小隔间。

这房子我们只能租住半年，到新年时就要搬走。平常，我们可以去屋顶，看着城市璀璨的灯光盛宴，就着喧嚣喝香槟。有时候，我会买一堆零食和杂物回家，穿过熙熙攘攘的人群时，无意间抬头一看，路旁巨大的广告牌上醒目的内容让我感到吃惊——广告牌上有一个巨大的“塔吉特”（Target）标识。我总是想不通那些广告商为什么要大老远地跑到纽约来拍商业广告。这是一场名副其实的企业盛宴，把所有平平无奇的商品都放在闪耀的聚光灯下的商品乐园。大家围在巨大的德芙巧克力广告牌前拍照，而我快要被他们挤扁了。从房间前门出去，就像被扯进了洗衣机。

出去工作时，我常看到那个按摩屋的主顾们鬼鬼祟祟地进进出出。他们不是刚从按摩屋出来，就是正要赶过去做按摩。擦肩而过时，我们都很尴尬，因为对方和我都知道他们要去哪里，要去做什么。这些男人通常都是急匆匆地低头而过，眼睛一直盯着大厅的地板，而我总会偷偷瞥一眼他们的样貌，好奇惠顾按摩屋的男人都是什么人。

但这家按摩屋的男客人太多了，我实在想不出他们都是些什么人。在这里，我看到过年轻的人和年老的人、英俊的人和丑陋的人，我看到过西装革履的人，也看到过穿着工装的人，在这里，我看到过来自世界各地的男人。我猜测着，他们中有多少人是别人的丈夫或男朋友，他们的妻子和女友是否知道他们来这个按摩屋。

有时候，按摩屋的门打开时，我和我的室友们会偷看一下按摩屋里究竟是什么样的。我们看到一位中年韩国女人带着端庄的微笑在门口迎客。我们时而会找各种恶作剧式的理由去敲门，例如借纸巾或剪刀等。有一次我想预约按摩，但得到的答复是“这里不提供女士按摩服务”。

我们仍然找各种办法拿按摩屋打趣。访客们进入我们这栋房子时要用到一个公用电话间里的大喇叭，我们在楼房另一头说的话都可能被广播出去，任何经过 47 号街的人都听得到。每次电话铃声响起，我们都认为是我们的某个朋友来访，轻声地打招呼说“你好”，却总听到对方问：“是按摩屋吗？”哦，抱歉，我们弄错了。

通常，晚上很晚都有人按错电话。这时，我们中的一个就会对着话筒大喊：“如果你要去按摩，请按 2 号键！”我们很清楚，街上只要有人就能听到。这看起来很有趣，而且也很容易做到。

一天傍晚，我出门的时候，一个在酒吧喝得醉醺醺的酒鬼踉踉跄跄地爬上了二楼的大厅，在大厅的硬木地板上就地小便。那个韩国女人提来一桶水，我们沉默地帮她打扫干净。她的英语说得很糟糕，有时我会带着挑剔的眼神观察她那张妆容浓重的脸和她身上过时的、便宜的、性感的服装。我暗暗想，男人们想要的是这样的女人吗？

这个问题的答案，我可以从保罗的故事里得到。保罗 40 岁出头，刚刚结婚，是一位银行高管。他是个大男子主义者，第一次见面时，他大步跨进诊室，还没坐下就开始不停地说，也没跟我客套几句，他跟其他患者很不一样。“我的问题是这样的，”他大声说，“我对我妻子没有激情，我真是受不了，所以我会去外面按摩。我希望，我来 5 次你就能帮我解决问题。”

“这还限制时间？”

“我不是那种每周都有空来闲聊的人。”

听到这话，我真的不知道该怎样跟他继续交流了。要进行心理治疗，最重要的就是咨询师和来访者要建立关系，关系需要时间慢慢巩固，而保罗只想获得治疗，忽略了建立关系。保罗直勾勾地看着我，我有种被他看透了的感觉。他对待我就像对待餐馆里的服务员，招之即来，挥之即去，一点也不尊重我。

“我们先来商量下价格吧。”他大声地说。

“我们已经在电话里谈好了，”我说，“一小时 150 美元。”

“价格太高了。”

我知道，保罗付得起这个价钱，不过钱不是我们关注的重点，他应该是想掌握谈话的主动权。

“你是想主导谈话。”我说。

听到这话，保罗耸了耸肩：“那当然，我可是为这次咨询治疗付钱的人。”

保罗对他为之付过钱的女人态度傲慢，他也因此有了对局势的控制感，并为此感到满足。我可不能让他一直这么满足。

“是的，你要为咨询治疗付钱，”我附和道，“这对你而言有什么意义？”

他的回复就是直接攻击我：“那你又有多少问诊经验，医生？”

保罗的问题直戳我的弱点，我有点恼火了。为了继续问诊，我尽量调整好自己的心态，不断告诉自己，虽然他态度傲慢，但他其实急需帮助。

“你来这儿是寻求帮助的，”我说，“是我允许你过来的，不然你就去寻花问柳了。你听好，保罗，你不应该质疑我的价值，将咨询视为对你自己和你的婚姻的一次投资吧。你能来我这儿，说明你很重视自己。”我这样说，他也就对此再无异议。

“而且，无论如何，你给我的钱不能比寻花问柳时花得少。”我微笑着说，但我也知道，那些女人赚得可比我多得多。

保罗仔细想了想。“好的，医生，”他说，“我可以给你付钱。我们还是来说正事吧。”

“很好，很高兴你选择来见我。”我说着，试图想象他跟其他女人是怎么说话的，“我会竭尽所能来帮你。”

保罗告诉我，他开车出去办事的时候，就会约女人出来，而且还总会光顾按摩屋。我迫不及待想听听那些神秘的按摩女郎的故事。我很少见到她们外出，只见过她们的主顾进进出出，我想象着她们性感、魅惑的样子。然而，保罗却总是说他对妻子提不起兴致，因此，我只在心里暗暗记下了按摩女郎的事。

“你这个问题持续多久了？”我问。

“从我认识她以后，这个问题就会时不时地出现。我需要很多刺激，有时候还会半途而废。这样她居然也嫁给我了，真让我感到吃惊。”

“你的妻子有什么反应？忘了问，她叫什么名字？”

“她叫克莱尔。她当然会生气。她认为我对她不感兴趣。这当然不是真的，只是在过程中，我并没有觉得有多么愉悦。”

“但你还是喜欢你妻子？”

“是的，我被她迷住了。她个头娇小，也很性感，是我喜欢的类型。”

那么，问题究竟出在哪里？他爱她，觉得她很迷人，却不想和她亲密？在想合适的诊疗方案之前，我要考虑保罗的年龄、用药情况和压力水平，乃至所有让他提不起兴致的因素。保罗无须长期用药，虽然 40 岁的男人可能的确比 18 岁的少年需要更多的刺激，但保罗只有在面对妻子时才没有激情，这就意味着他有心理上的障碍。

我想知道更多关于克莱尔的事。保罗说，他们刚结婚 8 个月，虽然她个性强势，对他态度不太好，但他还是很喜欢她。“我想，有些男人会觉得她让人害怕，但我认为她这种能让人感到刺激和兴奋的女性非常适合我。我喜欢能给我带来挑战和威胁的女人，她会让我保持警惕。我们都属于竞争欲强的人，总想在家里占主导地位。”

“可以跟我说说她对你有激情吗？”

保罗眼睛一亮：“她比我强多了。”

“你们通常是谁先主动的？”

“大部分情况下都是克莱尔，可是……”

“可是，有什么问题？”我让保罗把话说完。

“可是，就像我说的，我提不起兴趣的时候，她就很恼火。”

“你对此有什么感受？”

“很可怕。她对我很不满。”

“她是怎样不满的？”

“她问我究竟怎么了，然后就哭了，认为我不想要她了。”

谁先主动这个问题是很有深意的，它能立刻让人想起一系列别的问题：我令对方满意吗？对方爱我吗？谁欲望更强？谁更能控制自己的情感？有时候，女人主动发起攻势，男人就会担心自己应付不了。我问保罗，他会怎样解决这个问题。

“我瞒着她服用药物。”他说着，稍稍平复了一下自己的情绪，“但是，我不喜欢通过药物刺激。”

我问他在这个过程里是否感到很有压力，他回答是。“这是整个过程里我最担心的，我总是问自己，要是这一次失败了怎么办？”

“所以，虽然你很想享受这个过程，但你的确没有尽兴。”

“只要她满意了，我就会很开心，”他说，“但是我不确定她是否满意。”

“你只有跟妻子亲密的时候才会这样，跟别的女人不会？”

“是的，的确是这样的。以前我跟别的女人交往的时候也偶尔会出现这种情况。”他说着，突然皱起了眉头。

这个问题，无论年长还是年轻的男人都跟我抱怨过。事实上，男人们普遍会遇到这个问题，而且，更令人奇怪的是，这通常是心理问题导致的。

“跟我说说你去按摩屋时的经历吧。”

“毫无压力。我一点也不在乎那些女人。我付钱让她们来满足我，我不用考虑她们是否享受这个过程。她们就像不存在一样。”

我在笔记本上写下了“不存在”这个词。我又见到了一个态度令人不快的男人。我不理解，我以及其他女人，为什么要花费那么多时间打扮自己？我们花费了那么多钱买昂贵的化妆品和头饰，想吸引伴侣的注意，而保罗这样的男人，有一个美貌的妻子，却只对那些按摩屋的女人才有兴致？女人真的一点也不知道男人想要什么吗？我们是不是拒绝接受眼前的现实？保罗进行下一次咨询时，我需要好好考虑一下。

听男人谈论女人，我得以了解他们真正的需要。我以前从不知道，别人夸我性感漂亮并不是在表达我认为的那种含义。这个发现让我惊讶，并让我对他人的夸赞有些不知所措。

我不太习惯男人们说这样的话："我的妻子胖了，我对她没感觉了。"男人们因妻子胖了而愤愤不平，某些人就因这种不满而对婚姻不忠，或避免与妻子亲热。我遇到过这样一位病人，他与自己的妻子分居，声称只有妻子减了肥，他才会回家。

然后我会去见遭到他们过分指责的妻子，不过我通常发现，她们增重不超过 20 磅。我知道男人是视觉动物，不过，难道女人的体重增加了一点儿就会让他们提不起兴致？

深入了解之后我才知道，女人开始不在意外貌时，男人们就感觉遭到了她们的拒绝，因为他们担心，女人们这样做代表她们对维系感情不再上心。所以，这些男人生气不只是因为妻子的样貌变丑了，也不只是因为妻子没有努力让自己变得更性感。男人们认为，伴侣体重增加，就是直接拒绝的意思，意味着她不需要自己，意味着自己不值得她保持身材，还可能意味着她不再关心自己了。

在我看来，男性的欲望和女人的身材并没有太大的关系，这一观念可能与我们的传统观念不符。我请不同的男人描述最吸引他们的女性的特征，他们通常会说美貌。而当我要求他们对美貌下具体的定义时，他们首先只会描述体貌特征。经过细致的分析我发现，他们觉得最有吸引力的是如下这种：认为自己很性感，且以自己的性感为傲，并且乐于展现性感的女人。

读研期间，在布鲁克林一家医疗救助队工作时，我发现，不同的男人对同样的女人有不同的反应。我每天都会跟三个男人一同乘车，他们都喜欢透过车窗欣赏拉丁裔和非裔女人，以及穿着紧身牛仔裤、大腿很粗的女人。一看到这样的女人，他们就会露出欣赏和兴奋的神情。而且，即便我认为自己的审美与传统审美观不同，但不得不说的是，我自己也为那种女人的性感魅力所倾倒。

他们欣赏的这种女人很性感，而且她们也明白很重要的一点：性感就在于她们打扮自己的方式。她们好像在说："我知道你迷恋我，我也很受用。"她们对自己的外貌特征很自豪，就像男人开着漂亮的新车出去兜风，只是为了向邻居们炫耀一样。这些女人花时间精心打扮自己，傲慢地抬头挺胸，步态婀娜，好像在炫耀自己有多美一样。我见过一位四五十岁的拉丁裔女士，身穿色彩鲜艳的、绣着花朵图案的上衣和紧身裤，脚踩高跟鞋在大街上顾盼生姿，她与人用眼神打招呼，笑容平易近人，走路的样子像是在跟整个世界说笑，而这些做法只为了庆祝女人的美好，为了歌颂生活。

欧洲裔美国人都以瘦为美，来我这里咨询的某些人，只要自己的伴侣不瘦，他们就不想跟她们在一起了。

大部分男人都知道，真正的性感比俊美的样貌更重要。女人总是弄不清美貌和性感的区别，而男人则认为，性感就是美丽。我认为对女人来说这很重要：性感是一种选择、一种行为，并不只是对你的体貌特征的描述。

我的一位患者，婚龄 25 年，他曾经这样对我说："我妻子觉得自己太胖，不想让我看到她的赘肉。老实说，我一点也不介意。我爱我的妻子，我只希望她享受跟我在一起的感觉！"

这才是男人想要的。

下一次约见保罗时，我重拾了旧话题，就是我在笔记本上记下的"不存在"的事。

"所以，对于你花钱取乐时找的女人，你都当她们不存在，"我跟他说，"这跟你对克莱尔的感觉丝毫不一样，你说她个性强悍，"我带着责备的语气继续道，"那么，对你不重要的女人究竟有什么性感之处呢？"

"我从不会对她们产生兴趣，"他说，"她们不迷人，很被动，很顺从，但我喜欢她们一切以我为主。"

"但是跟克莱尔在一起时你不是这样的，"我说，"只有跟你觉得不如你的女人在一起时才这样。"

"是的，这样我才会兴奋。"

保罗也不再贬低她们了。征服这些"不存在的"女人让保罗忘记了跟妻子在一起时的焦虑感，也让他有了优越感。我之前对于保罗接近我及其他他花钱接触的女人时的不同态度的猜测是正确的——他需要马上获得优越感。

表现焦虑（performance anxiety）是一个专指男人因为太过担心

自己的表现而焦虑以致表现更糟糕的术语。这种现象可谓极具羞辱性，经常出现的话更是如此。最糟糕的情况是，你本来想给所爱的人极致体验，可突然就怯场了。我因为同情保罗而为他感到难过，而他却在不断说征服女人有多么快活。作为女人，听保罗和其他男人说他们因贬低女人而自我感觉更好，我真的很难受。这对男人而言意味着什么？我真希望我能将保罗当成异类来说明，但我不能。事实上，保罗身体并无异常，他是个深爱自己妻子的普通男人。我发现，来我这里咨询的男人中，有许多光顾按摩屋的人都有功能障碍，或在跟自己真正感兴趣的女人在一起时会焦虑。也许最让我受不了的是，他们之所以能在按摩屋里变得"正常"，是因为不将按摩屋里的女人当人看。

有一次，我回家时发现警察在二楼按摩屋的大厅里进行突击检查，他们大喊着："起床！穿好衣服赶快出来！"

我本想马上关好三楼的门，然后就躲在房间里不出来，不过一个警官走了过来，询问能否搜一下我的房间，看看有没有藏匿的按摩女。我并不认为有人能够跑到我这儿来躲藏，但我还是让他进来搜查了。

他查看了一下就离开了。几个小时后，跟朋友们吃过晚饭后，我去了浴室，却发现一个十几岁的女孩藏在我们的浴缸里。她看起来惊慌失措，不断说着"救救我"。我去拿手机时，她穿过房间，从前门跑了出去。

我到现在都不知道她究竟是怎么躲进去的。她是习武人士吗？

还是那按摩屋房顶上有暗门？她是不是就像蜘蛛侠一样，能够攀爬高楼外墙？还是她能撬开我们的锁？我甚至担心她是人口贩卖的受害者。我一直都记得她惊恐的样子。第二天，一个巨大的水果篮出现在我的房门口，里面还夹着一张纸条，上面写着："现在你是我的朋友了。"很好，收起那些不好的念头吧，不要把别人都想得那么坏，我想。

我回家的时候会穿过时代广场。朱利安尼市长曾经对这一地区进行过整改，但时代广场上仍然有很多为男人服务的地方，尤其针对那些在市中心金融区工作的白领。那里的小店里，各种女人应有尽有，无论去上班还是外出休闲，我都能看到从事这一行业的人，她们无处不在。

现在来回答一下我之前提及的问题：这样的女人真的是男人们想要的吗？对某些男人而言，是的。但我并不是说这些男人想要找这样的女人、只是想寻欢作乐，这些男人想要的是以便宜而轻松的方式发泄情绪。而且他们不只想要发泄，他们还希望通过寻欢作乐化解情感上出现的问题。

我经常认为，按摩屋的服务单应该按如下方式来写。

服务

特餐 1：觉得自己很重要

特餐 2：觉得自己很威猛

特餐 3：得到慰藉，减轻痛苦

这更准确地体现了按摩屋女郎们在这一过程中扮演的角色的重要性。只要 1 小时，这些男人就会导出一部戏，把自己内心的渴望和挫败感都发泄出来。是的，就在那里，在红灯区的剧场中间，这些治疗男人心理创伤的服务被当作商品出售，以粉红色的霓虹灯做广告，这些工作者给予男人们慰藉，却并不过问男人们的心理创伤。问题在于，男人们的心理创伤并没有得到治愈，他们演戏演了 1 小时，然后带着与来时同样的情绪和情感问题离开，而这也让他们情感关系中的问题更加严重。

我想，我怎么会住到这么个地方呢？这里，楼下就是按摩屋，我已经完全失去了判断能力、看不懂男人了。你可能认为，治疗师听到太多男人出轨的故事，会麻木不仁。但当时，男患者们的故事让我很难过。我听到的这种故事越多，就越焦虑。有时候，我太过焦虑，会突然觉得眼前一片模糊，看不清楚坐在对面的是什么人，也听不到他对我说了什么话。

有些时候，在问诊过程中，我甚至突然觉得自己像是那种原本过着养尊处优的生活，却被人带到贫民窟并被丢在那里的人。我宁愿回到幻想中的美好世界，在那里，我可以跟我的恋人牵手，在阳光明媚的浪漫草原上纵情奔跑。然而，我无法逃避——这是我的工作。我不得不直面两性关系中丑陋的一面：是的，有时候男人想要剥削女人、伤害女人、欺骗女人、利用女人……这是我成熟的时刻，这些问诊时听到的故事，打破了我对美好爱情的幻想和渴望，破灭的过程令我很痛苦。

我知道，我必须找到一种新的思维模式，将我学到的经验都总结出来，形成全新的观念体系。我必须克服自己的恐惧心理，不然我的患者们就该去找别的医生了。经过深思熟虑，我决定留住自己心里超然的科学观察者的特性，努力探索患者们的内心世界，做相应的笔记，记录他们的症状，尽量弄明白那些症状出现的原因。我也提醒自己，不要对所有男人一视同仁：不是所有的男人都像来我这里咨询的男人一样。我也认识许多优秀的男人。我必须牢记这一点，要记住，生活中，优秀的男人还是占多数的。

我想起了躲在我浴室里的那个年轻女子，她浑身颤抖。是留在我这里更安全还是跑去大街上更安全？我无法给出确定的答案。我认为，这些服务实际上给人造成的伤害是巨大的。我下定决心，一定要改变来我这里咨询的男人。保罗对按摩屋女郎的剥削态度，很多男人也有，所以按摩屋的生意才如此兴旺。我决定去干预这些男人。有时候，我发现，作为医生，我真的像在跟按摩屋工作者竞争。那些喜欢寻欢作乐的男人为什么要找我？我怎样才能让他们满意？怎样才能斗过那些美女？我不提供欢愉，我要让他们认清真相。我给他们的是他们不想要却需要的。

保罗通常在下班后过来咨询，而他也总要求我加班给他诊疗。一天傍晚，保罗来了，而且显然很有压力。他匆匆地冲进来，坐下，如往常一样，立刻开始倾诉，既没跟我打招呼，也没问我什么。

“我认为，我们公司遇到了财务危机，”他说，“媒体已经开始调查我们公司了。”保罗语气严肃，他很紧张，心烦意乱，双眼无神，头脑一片混乱。我没有打断他，给了他足够的时间倾诉，以缓解他的压力，所以没给咨询留出时间。虽然他发泄了压力，但我没跟他进行实质性交流，我成了一个让他发泄痛苦的对象。我在想，他的妻子跟他相处时是否也有这种感觉？

“有压力时，你会怎么做？”我问。

“通常我都在办公室里加班，但是今天午饭时我叫了按摩女。”保罗不冷不热地回答。只要在工作时觉得压抑，他就会光顾按摩屋。

“你是不是有点负罪感？”我问。

“是的，克莱尔要是知道，肯定会很吃惊。我真的很喜欢她。我只希望我们的婚姻生活能让我更快乐。”

“而在这段婚姻里你什么也没做，反而找了别的女人。”

“我理所当然地认为，如果妻子不能让我满足，我就只能从别的女人身上寻求刺激，”他说，摆出一副对自己很失望的样子，“但这也不要紧，我的许多朋友都是这么想的。”

又是随意出轨的态度，但保罗还很希望维持这段婚姻。他好像认为男人们虽然选择了婚姻，但理所当然还可以找别的女人。

保罗出轨对我来说不合情理。我不明白，他为什么会认为他爱他的妻子。但保罗显然对此极为肯定。来我这里问诊的男人之中，保罗并不是第一个有这种态度的人。即便是那种可爱的、邻家男孩型的男人，那些你根本想不到他们骨子里也有不忠于伴侣的观念的人，他们也会到我这里，向我承认自己不忠于伴侣。遇到这样的人，我心里会冒出这样的念头：哦，不！你怎么也这样？我以前总认为，如果一个男人真的爱上了一个女人，那他就不会再找别的女人；如果他找了，那他就不是真的爱那个女人。我认为，爱与忠贞是分不开的。

男人们跟我讨论他们出轨，而我一直在想，男人们为什么会冲动行事，尤其是那种声称爱自己的伴侣和找别的女人并不冲突的男人，声称自己虽然在外面寻花问柳，但对自己的妻子和恋人很痴情，对这样的男人而言，是否存在明显的情绪模式或性格特征来解释他们的不忠？

我想寻找更深层次的理由，比如，如果他找过按摩女郎，现在也还会去找，那他就是个骗人感情的骗子。我也询问过一些能够跟我谈论这种话题的女人，去了解她们的经历。有的女人认为，上述这种男人缺乏道德观念；有的女人跟男人们想法一致，认为这是生理需求所致，男人们生来就喜欢拈花惹草。

不过，这种结论太过简单、太过主观了，尤其是当一个行为涉及更复杂的情感、社会和心理层面时。

我想了解保罗这样做的主要原因。除了放松，保罗真正想通过毫无压力的放纵获得什么呢？放松就是他想要的全部吗？还是他想通过这种行为逃避克莱尔与他之间存在的问题？

我让保罗详细描述一下最近一次跟克莱尔亲密的经历。“昨天晚上，是她主动的。”他坦言。

“那你感觉如何？”

“你要听实话吗？我觉得有压力，我希望她能让我先开始。”

“你可以这样做。”

“是的。但老实说，我有时候想要避开她。就像我说的那样，我开始担心我不能马上进入状态，那样，她会很生气。无论如何，我不想拒绝她，所以我只好幻想自己面对的是别人。昨天晚上，我就是靠想象变得主动了一些，我能发觉她感到被动、紧张，却没开口阻止我。”

保罗说的明显跟女人常认为的“男人任何时候遇到任何女人都会躁动”的想法不同，事实上，男人提起兴致也要恰当的时机。

“这样管用吗？”

“谢天谢地，没有搞砸。”

为了让克莱尔满足，保罗必须小心翼翼。然而，虽然他告诉过我他有多爱克莱尔，但在这个故事里，我没有看出一点儿爱的痕迹。

我把我的看法告诉他，他却说：“我不这样认为。我想通过满足她来取悦她。”

“你把克莱尔的满足看得比你跟克莱尔的感情更重要。”

“嗯，确实。”

我很想让克莱尔来说一说她感受到的保罗是什么样的。我认为，她说的跟保罗认为的肯定很不一样。然而，保罗与其他来我这里咨询的男人一样，都不希望自己的妻子知道他们在找情感治疗师。

“你说过很多次要让她满意，但你的故事听起来只是在让你自己满意，”我说，“你描述的过程看起来令你焦虑而不是满足。我明白你为什么那么做。你把自己放在旁观者的角度，不断地思考。你无法放松，因为你不会将她视作不存在的人。为了弥补这些缺陷，你就关心你的表现能否让她满意。”

“不然她会生气。”

“你对此有什么感受？”

对这种陈词滥调式的询问，他大笑了起来。

“我希望你能回答这个问题，”我坚持道，“说说你的感受。”

“很丢脸，觉得自己很无能。”保罗低头盯着地毯的一角，“我当然不想感受到这些。”

“为什么？”

“我担心自己不够好，那样，克莱尔会拒绝我。这种感觉很不好。”我不知道保罗为什么突然说出了自己内心的恐惧，不过我还是很高兴保罗说出来了，而没有将这种情绪掩藏起来。保罗在座位上不安地扭来扭去。

我感受到了他内心的痛苦，我的眼眶也湿润了，对保罗的态度也柔和了一些。我看到他低下了头，他的膝盖在微微颤抖。我知道这让他感到紧张、情绪低落。我不想看到他这样，我对他深表同情，而这让保罗觉得很受伤、很害怕。他安静了下来。我沉默了一会儿，决定帮他缓解焦虑。

“你现在有什么感觉，保罗？”

“不安。”

“你让我了解了你的内心感受，这会让你感到焦虑吗？”

“我说的不是焦虑，是不安。”他反驳道。

“好的，不安，我想知道你的确切感受。”

“好的，我很焦虑，我感受到了跟妻子相处时的那种感受。我不想让你知道我的弱点。”

“但是我能感受到它，而你想攻击我，想把它隐藏起来。”

“我讨厌你的这些分析，这听起来像在批评我。”

“能跟我说这些，你真勇敢。我现在感觉跟你亲近了一点，我不会因为你说了你的故事而批评你、否定你。”

他只是低着头，什么也没说，我们的问诊就此结束。保罗有了一点进步，但无法忍受我说的话。对他来说，我的观察和发现只反映了他的不完美。我只想了解他，他却无法忍受。一旦有重要人物出现，他的自尊就会崩塌。我忽略了他对我的轻视。他现在认为我要批评他，而这让他感到焦虑，让他面对我时觉得很脆弱。我突然顿悟了。我一直在为保罗的婚外情而抓狂，以至于一直没能抓住重点，我差点忽略一个根本问题：他的脆弱。他面对克莱尔时的焦虑只是其脆弱的表现。

越是深入思考，我就越能认识到，关于保罗的问题，我最担心的是，他习惯用最简单的办法去解决问题。他过度关注妻子是否快乐，以避免焦虑；觉得获得快乐是一个人基本的自我价值的体现。跟按摩女郎在一起，保罗有种重获自我的感觉，而这时他觉得自己有权获得欢愉；而在家里时，保罗忙于掩饰自己的焦虑，反而享受不到跟妻子相处的乐趣。

保罗竭力想以顺从的方式弥补妻子，结果却让双方疏远了。

男人们都想通过去按摩屋这样的地方，化解他们和妻子之间的问题。我也认识一些这样的男人，他们每天晚上都光顾脱衣舞夜总会，试图了解在那里工作的女人，好像她们是真正的好朋友。

我提议保罗跟克莱尔聊一聊他的工作状况，这样他们也许可以就此展开更深入的交流。

“我不想跟我妻子谈论工作的事。”他说。

“为什么？”

“我出生于普通家庭，一路埋头打拼到如今这个位置，”保罗说，“而克莱尔来自一个富裕的家庭，她的家人们从未真正接受我。现在，我觉得自己在她家仍是个外人。他们甚至逼她单独开户存钱，而我无法从中取钱。我很努力地向克莱尔和她的家人证明自己，但是我的事业现在岌岌可危，我不想让她知道我现在有多窘迫。”

“你究竟想要证明什么？”

“结婚前，她的家人本来有意让她嫁给另一个人，但她嫁给了我。我总是怀疑自己是否合格，我想要证明自己，让他们能够接受我；我想要证明自己，让她能够接受我；我想要证明，我很优秀。我不想让她后悔选择了我。”

“这么说，你觉得自己处在跟克莱尔和她的家人不平等的位置上？”

“是不平等。她很优秀，很机敏。她的家人们也是这样。信不信由你，虽然我在你面前说话很大声，但去她家时，我都是最安静的那个，我沉默不语，好像在参加一场无法取胜的竞赛。这种感觉糟糕透了。”

保罗慢慢地说出这段经历，好像每个字都难以启齿。

“所以，你觉得你有义务在职场和家里都表现出很成功的样子。”我可以从保罗的神情中看出，他终于觉得我说到了他心里。

“我非常成功。”他反驳道。

“是的，你很成功，但你也付出了代价。当你像现在一样，感到有压力时，你会选择离开克莱尔，而这对你并没有什么作用。”

“所以我在外面找女人。”他像是累了，不再趾高气扬了。

“是的，也正因如此，你跟克莱尔才难以亲密。你在你妻子和她娘家人面前隐藏真实的自己，做了一个‘面具’戴上，而你却认为他们看透了你。你并没有做出任何改善，反而更加封闭和孤立自己。你感觉很糟，这样你跟克莱尔和她的家人们相处时压力会更大。”

“我明白，融入他们对你而言很重要，不过你太想克服现在的不足了，太想获得认可了，这反而让你疲惫不堪。”

听到这话，保罗低下了头。

“你不想总是证明自己，”我柔声继续道，“你想要无条件的爱。你因与克莱尔结婚而感到自豪，你非常爱她，以至于会担心别人觉得你不够优秀，担心她不会再爱你。”

他点了点头。

“你爱克莱尔吗，保罗？”

他又点了点头。

“大声说出来。”

“我爱我老婆。”

说完这话，他流下了眼泪。

“这就够了，保罗。”我说，“刚刚你一直受恐惧驱使，你想做出改变吗？那就去爱你的妻子吧。如果你想成为一个好丈夫，你就要多亲近克莱尔，让她看到真正的保罗，让她了解真正的保罗。”

最终，他沉默了，只听我说。我很想鼓励他，我感觉我的心因为他而真正温暖起来了。

我终于明白听到他们的故事后，为什么我的第一反应是恐惧。

有些男人感觉自己需要婚外情、把女人看得很卑微，为此我感觉很难过。我习惯性地做出了消极的结论，并认为男人普遍是那样的。如果我能够因保罗而感受到温暖，那我就需要采取超然的态度，要知道，我很容易注意到男人的行为有多么糟糕，并对他们做出道德评判，带着轻蔑的眼神看待男人，认为男人天生如此。

保罗敞开了心扉，也解开了我的疑惑。我明白，他和妻子以及那些按摩屋女郎们的互动显示了一条很重要的真理：对男人而言，女人强大得不可思议。事实上，女人太过强势会让男人受不了。在情感上，男人需要女人才能存活，女人的肯定、赞赏、支持和鼓励，都能够让他们意气风发，让他们倍感自信。女人的安抚和愉悦能让男人有安全感，有依靠。保罗把妻子想得太过强大，而让自己显得太过渺小。他蔑视那些按摩屋女郎，以便觉得自己很了不起，然而，这让他失去了自我。

他的问题与出轨无关，不是因为男人生来就需要出轨对象或替代者，这完全跟保罗的自我感觉相关，跟他在自己深爱的女人面前把握自我价值的能力相关。这一点很重要，因为这才是整个故事走下去的希望所在，也就是我之前提到的“男人们需要什么”这个问题的答案所在。

保罗希望能够同时爱自己和妻子，而他也急切地需要妻子的爱。我想帮保罗找到这份爱、把握这份爱，这样他才能面对克莱尔。

在保罗和其他来访者身上我发现，他们都有脆弱的一面。他们都不明白自己是需要爱还是害怕爱。他们创造了奇怪的情感关系，然后不断歪曲，希望它们变成爱的替代品，他们寻欢作乐，崇尚自由，或者幻想邂逅浪漫，来满足自己的需求，同时保证自我的安全感。这些男人正在逃避现实，他们需要重新对爱进行定义。

每个人都喜欢爱带给我们的温暖的感觉，不过，要得到这种温暖的感觉并不容易，而且，爱不仅能带给我们温暖感，还能带给我们更多感受。在爱里，我们除了能感受到快乐，还会感受到愤怒、厌烦、伤痛，因此会陷入恐慌之中。我们害怕被拒绝，害怕遭遇失望，害怕失去自我，害怕被抛弃，害怕自己变得一点也不可爱。这些恐惧感或许是不理性的，但都是真实的。

爱不仅仅是感受，它是一种技能。上文所述的男人都想要一个简单的答案。戴维想被人喜欢，保罗想要强势，其他人想要安全感。我不敢相信，来我这里咨询的男人们都明白自己得到了什么，没得到什么，而不去想他们付出了什么。

没有人想要冒险。

我希望保罗能不再逃避克莱尔，希望他不要期待在婚姻之外找寻解决婚姻问题的办法，希望他能关心克莱尔。最后，保罗终于愿意按我的建议行事。

“我给你布置一项家庭作业。”我说着，查看了一下时间，确保我有足够的时间解释清楚作业内容。

家庭作业是心理咨询的基础，完成的过程可以让治疗效果得以稳定。而保罗的问题跟自我意识相关，我需要让他重新调整，以便放松自己。

“你的作业是学会没有压力地面对克莱尔。如果你暂时不想谈你的工作危机，可以先从与她的亲密接触开始。”我说，“和她在一起时，不要想那些让你焦虑的事，只感受那一刻的欢愉，好好享受它。你有能力感受欢愉，就像你在按摩屋里感受到的那样。”

保罗记了下来，虽然有点不太确定，但还是下定了决心，希望能顺利完成作业。“我希望下周你来时能让我知道你完成得如何。”

接下来，我外出度假了。搭车去机场时，我想到了保罗，我思考着他是怎样游戏人生的。他先靠近他的伴侣，然后抽身远离，按照一定的规律和节奏靠近或远离，就像海里的水母一样，一张一合地前行。在爱情里，男女双方仿佛踩着这样的舞步，幸运的话，他们能够和谐地跳完一曲。保罗一直致力于成为一个完美的丈夫，不过，与克莱尔在一起时他却不是很主动。我在想克莱尔是怎么想的。

还没到下一次约见的时间，保罗就跑来见我了。我刚从佛罗里达回来，保罗就约见了我。他匆匆跑进我的办公室质问我。

“我为什么要付钱给你？”他尖叫道。然后他跌坐进沙发里，身体前倾，咆哮道：“我从按摩屋女郎那里获得的帮助更多！”

保罗抱怨说，完成家庭作业的过程出乎他的意料。“我上次咨询过后就回家了，”保罗说，“那时，克莱尔正躺在床上读书。我从她手中把书拿走，放在床头柜上。我搂住她的腰，把她带到我怀里。我记得你说的话，于是开始仔细观察她。我真的想要好好看看她的身体、她的脸。我抚过她的脸颊，告诉她我有多爱她。我抚摸着她，但我没有任何感觉，就像麻木了一样。”

“保罗，你要忘记你的担忧，这很重要。”

“我明白，”他恼怒地说，“不过这不是问题所在。我按你说的做了，但克莱尔显得很不耐烦，也很僵硬，整个过程很死板。我看向她的眼睛，但她的视线转向了别的地方，然后告诉我，她很累，只让我在她睡觉的时候抱着她。”

“那么，她一点也不投入。”

“这样我也觉得轻松一些。不过，医生，你的家庭作业对我没用啊！”

我并不是故意让保罗失败的，不过这个意料之外的结果揭示了很重要的信息。有时只有等“犯错”之后，我们才能知道答案。

“我的意见跟你相反，我认为这项作业是有效果的！”我说，“我会解释给你听，但我们首先梳理一下你说的内容。告诉我，你真正看着克莱尔的时候，有什么感觉？”

保罗配合地回答了我的提问：“我没什么感觉，甚至还有点心烦。”

“你开始欣赏她的面容时，又有什么感觉？”

“像你说的那样，我专心想着我爱她，我也的确感受到了爱。”

“那看着她的眼睛呢，你有什么感觉？”

“那时我觉得不安。我是真的在试着观察她，她的视线却移开了，看向了别的地方。我感觉遭到了拒绝，感觉很受伤。”

从保罗的描述里我了解了克莱尔的反应，也找到了他们问题的症结。在亲密关系中，注视对方能够令人感到舒适，但通常也会令人不安。我已经让保罗展露出自己的本性，让克莱尔能看到真正的他，也让他去观察克莱尔，让他向妻子展现自己的性感。克莱尔却转移了视线，拒绝看他。这让他感觉很受伤。

现在我明白，这不只是保罗的问题。要想真正解决问题，还要看克莱尔。

保罗并没有认识到这一点，但是他的妻子在亲密关系中的舒适度跟他是相似的。他们保持着平衡的状态：他主动，她就远离——可能是为了维持他们之间的安全距离。保罗和克莱尔身体的欲望都很强，但都受不了情感上的亲近。保罗试图维持这段关系，努力感受爱和一定程度的脆弱，而克莱尔会因紧张而回避他。保罗和克莱尔都有一种我称为“爱恋焦虑”的症状。保罗想要相信自己能够掌控自己的世界，无论在职场，还是在家里，他都能够应对自如。但亲密关系让他失去了控制。我们都对爱怀有恐惧感，这种恐惧感通常潜藏在我们的内心深处，平常几乎感受不到，只有坠入爱河后，我们才会察觉。然后我们会怀疑自己能不能接受爱，问自己是否配得上我们要接受的爱。保罗感到焦虑，所以他会去让他觉得自己很重要、很有权势、有掌控感的地方——按摩屋。然而，这种掌控感是保罗花钱购得的幻象。红灯区的工作者售出的是一种伪装过的爱，此外还有假的名牌包、假的香水。

我希望保罗能够体验并容忍真正的爱。“总去按摩屋会拉大你和克莱尔的距离。”

“但是在卧室以外的地方我对克莱尔是有激情的。”他困惑地说。

“因为我们的心会自动变得麻木，来保护我们不被恐惧感打扰。”

“那我该怎么做？”他问。

这个问题很棒。我认为保罗应该适应爱的力量。他应该学会不被恐惧打扰，然后分享自己的感受和经历，毫不退缩地面对恐惧感。“为什么不把这种恐惧感当作一种庆祝，庆祝你找到了让你真正有感觉的人？不要排斥这种感受，试着接受它，将它化作激情。”

“如果她不配合怎么办？”

“这也没什么啊。”我平静地说，意思是不要把对方的不配合当回事，“让克莱尔知道你想做什么就好了，你必须告诉她你想要什么。回家去，再次去完成那份家庭作业。也许这一次她会更容易接受，因为这次她不会太吃惊。”

我不知道保罗和克莱尔第二次是否成功了。离开的时候，他说下周会再过来，但后来他再也没来过。就在下一次约定好的时间过去 10 分钟后，我想了解他们的情况，病人无故失约，医生很难安心坐在办公室里等着。

那天晚上乘坐地铁回家时，我一直在想，给保罗布置这样的“作业”是不是错误的决定。也许我又让他失败了。也许我的干预方法还不够成熟，而且太过匆忙了。我担心我让保罗敞开心扉的做法会让克莱尔无法忍受。我也提过简单的要求——让他们了解彼此的真正个性，却没有考虑要做到这些有多难。然而，我还是认为，如果保罗因此而生我的气，他应该会跑回来骂我一顿。

那天下班时，我再次打电话给保罗，不过保罗没有接听。我认为我们至少应该再进行一次问诊，以结束我们的治疗。正常的诊疗过程中，咨询师和来访者都要试着了解彼此，这种关系也会随时间的流逝而得以巩固，诊疗结束时，咨询师会对来访者的情况进行确认。不过保罗不是那种需要正式结束仪式的来访者，他甚至都没说过谢谢或再见。我认为，他是只要觉得自己好了就会离开的人。我关心了他这么久，他却连一声谢谢都没说，这让我感觉有些难过。

那天晚上乘坐地铁回家，我看到乘客们挤上车，小心翼翼地避让着对方。他们或读书看报，或听音乐，或盯着地面，或看墙上的广告，但就是不跟别人进行目光接触。

每个人都会寻求亲密关系。人们都希望别人能真正看到自己，了解自己，但对彼此进行了解的时候，我们设置了重重阻碍。克莱尔对保罗毫无反应，也不与保罗对视，这让保罗生气，这证明保罗是真的在意克莱尔。我本来希望经过诊疗，保罗能获得期盼已久的亲密关系，不过，当地铁停车，看着人潮如浪挤上站台离开的时候，我才悲伤地意识到，最后，“不存在”的人竟是保罗。

查尔斯丨

一个人的情绪垃圾污染了两个人的感情

查尔斯："你把我想象成我最好的朋友，假设你正在与他偷情。"

凯莉："嗯。"

查尔斯："告诉我你会去哪里偷情？"

凯莉："在浴室，而你在隔壁房间里。"

在我的要求下，这对快要结婚的年轻人——查尔斯和凯莉，开始表演他们最近一次亲热时的情景。凯莉坐在靠近我这边的沙发扶手上，一人分饰两角，眼里似要冒火。而查尔斯则安静地坐在沙发另一头，膝头叠着两个抱枕，不看凯莉和我。

突然，凯莉停了下来，恼怒地抱怨道："我真是烦透了！真令人生厌！他想做的就是这样：要我扮演跟别人偷情的样子，每次都是这样！只不过他有时候扮演的是他最好的朋友，有时候则是他的老板，或是他的兄弟，甚至他的父亲！如果这种情况再不改变，我就要分手！"

这些话让查尔斯回过神来。

"亲爱的，这只是假扮而已，我真不知道你为什么生气。我只是要你假扮，又不是让你真的这样做。这没问题的，只是假想的而已。”

角色扮演和想象对情感是无害的，可以想怎么来就怎么来——这种说法我经常听患者和医生们说。我也同意，这能让情侣更亲密、更贴近彼此。查尔斯认为角色扮演没问题，不过我觉得他热衷于此肯定有什么地方不对劲。

虽然我已经单独跟查尔斯问诊了几小时，不过这次问诊，凯莉才是主角。她情绪不太稳定，一会儿流泪，一会儿生气。她只说她想说的，根本不给我提问的机会。对她而言，她的情绪就是事实。如果她感受到了什么，她认为那就一定是真实的，不必去寻找什么凭证或合理的解释。

查尔斯不擅长社交，是个书呆子式的人。第二次来咨询的时候，我就给他做过测试，结果显示，他没有太多与人卿卿我我的经验。他大部分时间都用于培养一个人就可以玩的爱好，例如拼装模型飞机。查尔斯经营着一家工程公司，虽然他有钱，足够吸引漂亮女人，但他也坦承，跟女人相处会让他感到不自在。“大多数情况下都是她们主动找我，我不会去找她们。”我不禁好奇，查尔斯与一个对他表现出强烈兴趣的女人会建立什么样的关系。

跟查尔斯不同，凯莉的一切都是光鲜亮丽、热情和野性的，她很以自己的事业为傲，以自己的意大利血统和新泽西的家人为傲。查尔斯在霍博肯长大，年少时就期待能有像凯莉这样的女朋友。凯莉的头发又黑又长，十分浓密，黑色的眼珠虽小，却像猫一样冒着光，眼角涂抹着黑色的眼线。她不是那种古典美女，而是装扮夸张甚至招摇的女子：穿着紧身的服装，脸上涂脂抹粉，手上还挎着一个时髦的手提包。她是那种每时每刻都会把自己打扮得光鲜亮丽且性感迷人的女人，即便是去逛杂货店，也要精心打扮一番。

他们相处了差不多一年时间，凯莉才跟查尔斯有了亲密行为。他们起初就像朋友一样相处，晚上穿着旧睡衣一起看电视。一天晚上，她亲吻了他，一切很自然地发生了。凯莉喜欢跟查尔斯在一起，因为他个性内向，让她有安全感。而且跟那些总是以攻击她为乐的男人不同，查尔斯是真的很倾慕凯莉。不过，现在查尔斯需要凯莉用别的方式来挑起自己的激情，虽然他竭尽所能地想要平息凯莉的怒火，但他们曾经和谐的关系现在已经岌岌可危。尽管这只是做戏，他们并不是来真的。

接诊查尔斯两个月之后，凯莉也加入了咨询。她很热情地说，查尔斯在情感方面比较保守，有时候会因焦虑而逃避亲热，而她的需求却很强。

“刚开始的时候，我也觉得很有趣。不过现在，我感觉他爱的女人不是我。”她说着，眼睛一下子湿润了，“平常相处的时候，他温柔可爱，我们的关系也很和谐。但亲热的时候，他就像在我身边消失了一样。”

我一边听她说，一边观察查尔斯，但他毫无反应，脸上没有一丝表情。凯莉说了这么多，都是在说她有多受伤，她似乎已经厌倦了他特殊的癖好，她认为查尔斯是在用她减轻自己的心理负担。但此时的查尔斯一动不动，既不安慰凯莉，也不表露自己的感受。

我的一个女性朋友也遭遇了同样的问题，她的底线是不做让她感觉糟糕、伤害她自尊的事情，而究竟什么才是伤害自尊的行为，不同人的看法是不一样的。试出底线之后，要留意你的情绪反应，不要只听从自己的身体反应，因为有时在消极的情境下，你也可能感受到积极的情绪，你的身体也可能做出自发性的积极反应，比如女性在被侵犯时可能会有生理反应，这种反应是身体出于自我保护而做出的，并不代表当事人内心喜欢。

现实和幻想之间的界限总是模糊不清的。

我认为，亲密行为是有意义的，它向我们传递着某种信息。就像在一块空白的帆布上作画，人们将自己的内心活动通过亲密行为表达出来。有的人在这块帆布上画上了很多关于爱、欢愉和庆祝的表情，而有的人则将它视作垃圾场，将过去经历的创伤和痛苦全都无意识地发泄出来。这种发泄有一种情感上的升华作用，能将未曾得到安抚和处理的情绪表达出来。男人们常常会有这种表现，因为他们极少通过社交活动直接发泄情绪，也没有机会直接处理自己的情绪。

幻想存在的好处之一是它可以不断重复、循环。正如查尔斯，幻想是他逃避压力的唯一方式。他迷上了这种活动。他似乎很享受，不过凯莉抱怨说，这让她感觉很糟。换言之，查尔斯释放的情绪垃圾污染了他与凯莉的感情。那么，查尔斯想要避开什么、处理什么事物？这表示查尔斯在表达自己需要帮助吗？我让他下一次单独来见我。

“谁欺骗过你的感情？”不等他调整好自己的状态，我就提出了这个问题。

他露出十分吃惊的神情，这说明我问到了重点。

“为什么要谈论让我伤心的事情？”

“这么说，一定有什么故事了……”

“是的。不过谈论过去有什么用？那都是很久以前的事了。”

“因为它没有成为过去。”我回答，“无论曾经发生过什么，你仍沉浸其中，还没有走出来。”虽然查尔斯很抵触，但我不想放过这个机会，我觉得我有必要了解清楚。“是的，这让人感觉很糟，”我语带怜悯地说，“让我们解决它吧。”

刚开始，查尔斯还有点犹豫，不过后来，他还是很激动地把他20岁时的经历告诉了我。那时，他爱上了一个女人，将她视为自己的挚爱，说她是他生命中的“天使”。

“我非常爱她，”查尔斯声音嘶哑地说，“我对凯莉的感情不及对她的感情，我很想跟她结婚。从十几岁的时候开始，我就想找一个伴侣，而且我坚信自己会从一而终。我想要成家。”说到这里，查尔斯开始有些不安，双眼不断环视房间。

“不过，在我们婚礼的前一天，她和我最好的朋友，也就是我的伴郎睡在了一起。我的哥哥抓到了他们。这件事让我印象很深，因为我哥哥是在婚礼当天早上告诉我的，那时我正为这场婚礼感到开心。我哥哥走进我的房间，坐到我床边，告诉了我这件事。我很吃惊，当场愣住了，呆呆地躺倒在床上，感觉四肢很沉重，我几乎无法呼吸。我听见家人们在房间里走来走去的嘈杂声，我能感受到阳光透过窗口照进来，暖洋洋的，但我觉得我的灵魂在那一刻仿佛离开了身体。我的哥哥替我感谢所有人的光临，没有人进房间来看我。他们都离开了，房间里安静下来，而我还一动不动地躺在床上。那是 8 年前的事了。”

“我很遗憾，那真是一场悲剧。”

我能够通过他的讲述感受到他的悲伤。我感觉自己的呼吸变得粗重，眼睛也不自觉地湿润了，不知道该说些什么。这感觉就像一个大浪朝我们打过来，将我们都打倒，然后卷入水里。我们一直坐在那里，努力调整着自己的呼吸和情绪。我们都想摆脱这种沉重的感觉，继续聊下去。我可以进行一些理智的分析，但是查尔斯所受的伤害太深了，无论我们怎么努力避免，他都无法忽视那种痛苦的感受，只能沉溺在其中，苦苦挣扎。

“你太爱……”

“我完全为她倾倒，我对她毫无保留。”

“而她却让你很失望。”

“她背叛了我，”他恼怒地说，“我相信的一切都是谎言。她不爱我，我感觉自己就像个傻子一样，被她玩弄于股掌之间。”说着，查尔斯哽咽了。

“你怀疑她是否爱过你，怀疑她给你的一切都是假的。”

“那一刻，我感觉失去了一切：我的清白、梦想和真实感，最重要的是，我失去了我爱的女人。”

那一场失败的情感经历改变了他的生活，给他的精神造成了巨大伤害。我想，查尔斯躺在床上愣神时，他脑部的中枢神经在不断建立新的联结，最终，他对爱的观念被彻底改变了。再没有什么创伤能比这种情伤对人造成的伤害更大了。有的人会因此患上创伤后应激障碍，让人心底的恐惧不断膨胀，干扰人的逻辑思维，侵蚀人的所思所想，甚至把所有异性都视为同一类型的骗子。

“我不擅长跟女人打交道，跟她们打交道让我非常紧张和不安。我现在仍然没有真正相信过女人。我认为她们都是两面派。认识凯莉的时候，我根本没想过要跟她发展。她非常受欢迎，所以我当时就认为她不会真心对我。她习惯了接受别的男人膜拜的眼神，所以我决定只当她是好朋友。”

“那你是从什么时候开始角色扮演的？”我问。

“那天之后的最初几个月，我一直待在自己的公寓里。”他说，“我的朋友们都想帮我走出来，但我不想跟任何人说话。我不知道该怎么摆脱当时那种难受的感觉。有一天，我仿佛流干了眼泪，再也生不起气来，我发现我居然开始有了那种幻想。我也知道，这听起来挺奇怪。”

这其实是一种很聪明的心理策略。我很尊重人的心智能力、潜意识能力以及控制屈辱情绪的能力。通过幻想，如今他能够控制他曾经无法控制的事物。查尔斯将他遭受的痛苦实质化了。未经任何有意识的处理，这种屈辱感立刻转变为一种生理反应。这是一种心理上的虚假胜利，让他得以从痛苦中解脱，变得快乐。

他不是为了取乐，因为他心中并未放下那段痛苦的经历。

我在想，查尔斯的这种情况发生得究竟有多频繁。我记得曾经读到过一个按摩屋女郎对主顾行为的记载，她说她接待的客人经常会让她把他们过去遭受的创伤经历表演出来。可怜的查尔斯，他已经学会了这种方式。我该怎样改变他呢?

我们制订了一个改善计划，我提议重新调整他的习惯机制。我征询凯莉的意见，请她同意在接下来的一段时间里不要跟查尔斯有亲密行为。他的“家庭作业”就是进行其他幻想。我想在他的头脑中建立新的联结。凯莉很赞成我的提议，查尔斯也成功完成了第一步的训练，但是，当我让他想象自己跟凯莉亲密时，他却没有了反应。

“你想象凯莉会怎么样？”

“没怎么样，没反应。”

“好吧，这应该事出有因。你们现在的相处有什么问题吗？”

“我们按你说的做了。最近一段时间我们确实保持了距离，而且，我们相处的时间也比以前少了。她现在经常跟朋友们出去聚会，而我……我很嫉妒。”

我问查尔斯是怎么生出嫉妒和恐惧感的。

“我总是问她去过哪儿，是跟谁一起去的。”

“你认为她怎么了？”

“我不知道。我像是得了妄想症。”

“有非理性的思维和感受是正常的，我们现在来检查一下。”

“我担心她跟其他男人在一起，打情骂俏。”

“这会让你兴奋吗？”

“事实上，不会。”

“很好！这就是进步。”查尔斯现在感受到了自己内心的想法，他没有将这种感觉转变成欲望。不过他们的关系并没有什么起色。诊疗咨询让他开始恐惧，而凯莉也疏远了他，查尔斯开始觉得不安。一想到凯莉独自出门，他就担心她会遇到别的男人。我认为，我可以让查尔斯在恐惧袭来的时候进行自我治疗。我让他在心里自己跟自己交谈：“我们都有不安全感，这是一种让人难受的感觉。我们不用抗拒它，这不是什么大事，这种感觉会消失的……”

听到我的建议，查尔斯非常激动，好像恨不得给我一巴掌。他的脸涨得通红，眉头紧皱，双眼死死地盯着我，好像在说：“真是疯了，这就是你给我的建议？这些都是陈词滥调！真奇怪，让我跟自己聊天？”

他说得没错。过去8年里被他压抑的情绪一直深藏在他心底，而这种情绪不是几句陈词滥调就可以化解的。接下来，他面临的真正挑战就是，面对这种焦虑。

这时，凯莉要求单独见我。自我上次见她已经过去一段时间了。我不明白她为什么要疏远查尔斯，也不知道她是否还打算跟他结婚。我们见面后，她表示查尔斯的行为改变让她觉得心烦，因为他开始做一件以前从未做过的事——搭讪其他女人，而她从未想过他会这样做。

“哦，不！”我想，“他现在做的事……”

凯莉之所以被查尔斯吸引，是因为他看起来令人安心——长得不太帅，但为人诚实，倾慕她、尊重她，认为跟她在一起是自己的幸运。到目前为止，她一直都是这样认为的。当她对爱情感到焦虑时，她也总是用这种想法控制自己的焦虑感。现在，她有了不安全感，这让她回想起过去跟长得英俊的花花公子们交往时的感受。为此，她愤愤不平。

“以前，查尔斯总是夸我很漂亮，说我对他很重要。但突然间，他不再这样说了。他现在也不像以前那样对我深情款款了。我们出门的时候，我可以感受到他在对其他女人献殷勤。”凯莉感觉十分生气，“我们去餐馆吃饭，我说话的时候，他会看别的地方。我是他女朋友，居然还要跟人比拼才能获得他的关注，我很讨厌这一点。现在，我会赶在他之前偷窥其他女人，就像在查找威胁。只要发现他多看了别人一眼，我就会生气。我会想，有什么好看的。”

“如果他觉得别的女人更吸引他，你会有什么感觉？”我问。

“我从没想过这一点。我总认为，我才是他遇到的最美的女人。”

“你就是觉得他不应该再关注别人？”

“是啊。”

“是啊，他怎么敢呢？”我将她心里的非理性思维说了出来。不过我理解她的感受。凯莉这种反应跟我对拉米的反应相似，我这样说她，其实是在心里批评自己。

某个夏日的午后，拉米和我参加了他朋友举办的一场聚会。大大的房子里挤满了俊男美女，他们伴着激情澎湃的拉丁乐曲翩翩起舞。从厨房里出来时，我发现拉米跟一个来自不知是委内瑞拉还是哥伦比亚的女人聊得热火朝天——反正那些国度的女人就是生得非常性感。拉米跟那位陌生美女兴致勃勃地聊天，这让我感觉很不舒服。拉米看到了我，就让我过去，然后向我介绍那个女人，她是他一个朋友的朋友。我不记得当时的具体过程了，但那时我对拉米的反常行为思考了很久。拉米看起来对我很热情，但他给那个女人拿了饮料，却忘了给我也带一杯。我礼貌地微笑着坐在那里，然后找了个借口离开，去另一个房间里坐着。

拉米找到我，一眼就看出了我不开心。他双臂环抱着我，跟我说了几句甜言蜜语。然后，另一个女人经过了我们身旁，那也是一个南美洲国家的美女，一头浓密的黑色长发，身材性感火辣，就连看一眼都觉得晃眼。看着她，拉米的眼里有了光彩。他站了起来，叫了她一声。但我不认识她。

“哦，天啊，嗨，拉米！”她向他打招呼。

我走到一旁，跟一个一直在旁边看着我们的闺密聊天。

“我做不到像你这样，”我的闺密说，“真不知道你是怎么做到的。”

这话让我感到气恼。是啊，管他呢，我想。每次我们一起出现在公众场合都会发生这样的事。有时候，他还会接到这些他称为“普通朋友”的电话。我问起来，他会很含糊地说：“哦，就是马塞拉（露丝或玛利亚）啊，不用担心。”好像我这样问是妄想症发作了一样。

最糟糕的是，他接听这些电话、看到这些女人时，总会非常热情。他似乎非常热衷于取悦她们。这种时候，我就像遭到了抢劫。我不再是以前那个光鲜亮丽的女人，相反，我觉得自己的存在毫无价值可言。

我开始失去理智。

那之后不久，我对拉米总是花时间去陪他的新任女律师而感到恼火——他每周总要带她出去，如吃午饭，参加各种晚宴，出去喝饮料等。我质问他为什么总带着她。“别担心，”他这样回答，“她是我的新朋友。另外，她一点也不性感。”

几天后，他约了她跟我们一起吃晚饭。他说他认为把这个“不性感”的女人介绍给我会让我不那么焦虑。她带着微笑翩然而至，看上去十分迷人，我当时真的想发火。她看起来非常优雅，对我彬彬有礼。我只好忍住情绪，保持沉默。她离开以后，我想跟拉米说说这件事，但拉米睡着了。

我躺在他身旁，毫无睡意，而且满腔怒火：我生气的时候，他怎么敢睡觉？

我恼怒地爬起来，去了厨房，准备了一桶冰冷的水，跑回卧室，将水倒在拉米身上。拉米当时睡得正香，还在打鼾。一桶冷水浇下，他跳下了床，我也逃出了房间。他全身湿淋淋地跑出来追着我绕着房子跑，两个人边跑边大声尖叫。最后，我们都大笑起来。半个小时后，我们一起躺在了床上没被淋湿的那一边。

因为嫉妒，我们做过很多这样的傻事。有时我们出去玩，他会说：“你在看别的男人！我知道你看了！你还对他微笑！”他会生气，会不跟我说话，然后说：“走吧，算了！”

这已经成了我们惯常的相处模式。

那次跟律师的事情过了之后，拉米和我就此聊了聊。他承认这样做是为了让我嫉妒，因为这会让他更有安全感——因为他总会因我而产生嫉妒心理。冷静下来之后，我才意识到，无论拉米怎样对我，失去控制的是我自己的虚荣心。

凯莉因查尔斯的行为深感痛苦，而我不想让她太过恼怒。“你在担心什么？”我问她。

“我觉得他对我不感兴趣了。”

“你的意思是，他看了别的女人就代表你对他失去了吸引力，是吗？”

“我就没那么大的吸引力了啊，我是说……”

“你希望查尔斯认为你是特别的。事实上，你选择了一个你认为会珍惜你、倾慕你的男人。”

看到凯莉的表情，我就知道我说到了点子上。但是，她却不想仔细分析。“他的表现就像我以前认识的其他男人。”她说。

“以前，你遭遇过背叛吗？”

“也许吧，我也不是很清楚。但我认识过那样的男人，他们会当着我的面勾搭别的女人，好像自己很有魅力似的。”

当着女朋友的面与其他女人调情，这种行为特别令女人伤心，这种威胁比真正的背叛更具杀伤力。他朝别人微微一笑、当众看别人一眼、对别人的出现感到高兴、花时间跟别的女人聊天、在你面前找别的女人……然后你就会想象他可能跟别的女人暧昧。心中的恐惧冒了头，你就会陷入长期的自我怀疑，忍不住会想："我够好吗？"

如果你自己问出了这个问题，那是很糟糕的。这个问题暗藏陷阱。你可能不会直接问出上述问题，但你心里会给自己这样的暗示，即你还不够好，而这会让你更加担心、对你们的感情更加不确定。我开始回忆我曾经被这个问题困扰的经历。

那是一个工作日的早上，上班之前，我正在梳妆打扮。一切都很正常，但当我看到镜子里自己的脸时，我吃了一惊。哦，天啊！我想，我居然看到了脸上的皱纹：两道皱纹在我的额头上，就在左眼上方。我靠近镜子仔细观察，瞪大眼睛看皱纹的长度和深度。然后我退后一步，不断转动头部，以便从各个角度观察皱纹。我很恐慌。我应该梳刘海盖住皱纹吗？我应该搬到郊区去提前退休吗？好吧，我承认我太过激动了。遇到镜子或走到光线比较强的地方时，我就会观察自己的脸，判断皱纹还在吗。有时候，皱纹看上去消失了，我就不那么紧张了，但过不了多久，皱纹又出现了。我开始留心脸上所有岁月的痕迹：我的左眼睑好像垂下来了；我的皮肤因为长期受阳光灼晒而变差了……我的人生或许就此暗淡了。或许我现在无法获得拉米的关注了。

越来越多次，我出门赶地铁去上班，甚至在还未开始工作时，我的心情就已经很糟了。我是怎么落到现在这步田地的？以前我出门的时候明明对自己很有自信，为什么这么快就觉得自己毫无价值、毫无吸引力了呢？这不是真正的我！过去，我都是快乐地醒来，蹦蹦跳跳地去工作。现在我不断地在镜子里找岁月的痕迹，这代表我的魅力正在消失。

我们都喜欢受人瞩目的感觉。别人看着你、热切地想了解你，听你说话、触碰你的身体时，他们双眼会放光。我们都认为，别人是因为我们特别出众的品质才对我们做出这样的反应，我们都想得到特殊对待。

凯莉现在明白了，除了自己，这世上还有很多别的美女，查尔斯某天可能会遇到别的女人，甚至可能离开她。我们对待感情时都会有这种不确定的感觉，而且我们都认为，我们自身的特别之处能够维持自己和别人的情感关系。查尔斯新的行为模式让凯莉对他们的感情有了新的认知。

不用说，我们与他人的关系主要反映了我们与自己的关系。别人就像我们身边的镜子，映照出我们自己的样子。孩子什么样，看他的母亲就知道了；夫妻和情侣也是彼此的镜子。事实上，在心理治疗中，这也是一种诊治技巧。这种技巧被称为镜像效应。我们用这种技巧让患者建立自我感和现实感。作为治疗师，如果你对病人做出了积极反馈，这会给他们带来力量，能给他们带来积极影响。病人有时候会觉得他们爱上了自己的治疗师，正是这个原因。

镜像效应证明了我们的存在。在一个没有人情味的世界里，如果有人想深入了解你的内心，这就是一种最好的体验方式。最好的赞美来自别人，别人友善、和乐地对待你，这就是对你价值的最好证明，你也会因此觉得自己很有价值。这种价值体现在与他人的关系中，而不是在别人的看法和评价中。

我们都希望获得正面、积极的反馈，这是人作为社会性动物的重要特性之一，不应该全被视为自恋。如果我们过分追求别人的赞美，我们确实会变得自恋，这时候就可以用镜像效应来处理。很多骗子就是这样得逞的，他们不只是肤浅地奉承别人，而是通过洞察别人的内心，以一种积极正面的方式将别人的内心想法表述出来。

问题在于，人若是过于依赖别人这种反馈，就会失去自我反省的能力。那么，在什么情况下，别人的反馈才有这么大的力量，甚至让人失去了自我反省能力？就是在你开始思考自己够不够好的时候。

查尔斯不再夸赞凯莉了，所以，凯莉内心那个特别的、美丽的、深受喜爱的自我感到很受伤。我想鼓励她，让她相信，即便没有他，她也是很优秀的，我想让她相信，她是否有价值与查尔斯的关注和夸赞无关。

查尔斯和凯莉开始了一种特殊的关系。他们一旦投入其中，就都失去了主见。现在，凯莉开始思考查尔斯为什么突然想去关注别的女人，这让我很难引导她重新关注自己。

一天晚上，我跟一群女性朋友在曼哈顿下东区一家时髦的餐馆里吃饭，我们坐在一张大桌子旁，我问："你们的男朋友看别的女人时，你们会生气吗？"大家对这个问题展开了热烈的讨论，开始争辩谁没有安全感，谁有安全感。有些朋友说，男朋友偷瞄别人，她们一点也不介意，她们说这是很自然的事情，她们并没有什么危机感；有的还说，她们自己也会看别的女人，或者先发制人地称赞别的女人好看，但不能一直看；还有些朋友认为，男人偷瞄别的女人是不礼貌的，是令人不快的。

我最好的朋友对我在办公室听说的那些令人惊恐的欺骗感情的故事丝毫不放在心上。她总会带着一种怜悯的神情看着我，好像在说：你这个可怜的家伙什么都不懂。那天晚上，她告诉我们，她的前男友曾告诉她："男人整天都看着从身边经过的每一个女人。"她前男友这么说时，她感觉很欣慰。

我真想不通这句话为什么会让她感到欣慰。

"我跟我男朋友一起享用浪漫晚餐时，我可不希望他还想着为我们服务的女服务员。"我说。

"重要的是，他什么都没做。"她说，"这才是关键。"

"这也伤我的自尊，"我说，"我希望，我是我男朋友遇到的最美、最性感的女人。我希望他完全被我倾倒，即便漂亮的女服务员和他搭讪，他也不为所动。"

由于我的朋友们都知道我和拉米的故事，所以我们都清楚谁是"不安全"的那个人，但我觉得问题不在我身上。是的，我是朝拉米浇了一桶水，但刺激女朋友做出这种行为的拉米呢？他是不是也有问题？

现在，轮到查尔斯单独咨询了。我想知道，他希望凯莉嫉妒的行为收到什么效果。我也想找到自己问题的答案。

"凯莉总能引人注目。"查尔斯说，"男人们总是当着我的面去搭讪她。即便知道我在身边，痴情待她，知道我因她而觉得幸福，她也很享受其他男人的注目。可气的是，现在我扭转了局势。”

“那你想通过这种行为表达什么呢？”

“我身边也有其他女人。”

“这让你感觉很好吗？”

“是的，当然。我感觉好多了。她现在需要付出努力来获得我的关注，也就是说，她需要跟别的女人竞争。”查尔斯骄傲地说。

“你希望这种行为给她什么样的感觉？”我问，心里产生了愤愤不平的感觉。

“为拥有我而感到幸运，因得到我的爱而感恩。”

“她有没有告诉过你她的感受？”

“她说她很生气。”

“这听起来跟感恩无关，查尔斯。似乎这都是你希望她有的感受。但是，你这样做会让她质疑自己的价值，而不是质疑你的价值。你想有稳定感、掌控感和安全感，但你获得这些是以牺牲她为代价的。”

“我又没有真的找别的女人。这没关系的。”

“我认为，我们应该找一种更好的方式来控制你的情感恐惧。别的男人总是向凯莉行注目礼，对此你有什么感觉？”

“我觉得自己无关紧要。我禁不住问自己，这些男人能给她什么我无法给予的东西？”

“好的，查尔斯，我明白了，”我说，“你不想失去凯莉。但你不需要做不正常的举动，这会让你对自己感觉更好。”

我建议他下一次跟凯莉在一起时深呼吸，审视自己的内心，关心自己的价值。

“我希望你这样做，感恩这种恐惧感。它意味着你爱凯莉，你不想失去她。这是好事。但你要集中注意力将这种恐惧转化为感恩，感恩你跟凯莉的感情，这种感情是别的男人无法跟凯莉一起享受的。”

“我猜，我那样做是在破坏我们的感情。”

查尔斯想走捷径。他发现操纵自我能让他感觉更好，他还发现，他可以因自己的不安全感惩罚凯莉，而这么做不需要处理让他困扰的情感焦虑。现在，我让他直面自己内心的恐惧，希望他能真正做出改变。他已经明白了基本概念，我也感觉他相信自己能实现这个目标。但是患者在进行心理诊疗时最大的问题在于，情感变化并没有发生，因为他们只在一两次咨询中提到过改变，没有什么神奇的药方只要一用就能让所有的痛苦永远消失。只有勇于尝试处理不断涌现的情绪和情感的新方法，痛苦才会消失。

在接下来的几次诊疗中，查尔斯都说进展缓慢，然后我们就让凯莉也加入进来。我认为我们应该讨论怎样处理嫉妒的问题，但是凯莉心里有了新的想法。“查尔斯！”我们准备好之后，她突然开口叫道，“我要告诉你一件事。有一天晚上，我跟我朋友贾斯丁出去过夜了，我们发生了关系。”凯莉严肃地看着查尔斯。她表现得毫无悔意，态度也有些冰冷。

听到这话，查尔斯感到不知所措，他低语道：“真不敢相信！”查尔斯转过头去不看我们，胸口剧烈起伏着。

“你忽略了我，查尔斯，我觉得你不爱我了。”

“可我爱你啊，我……”

“现在，贾斯丁给了我你曾给过我的感觉，我又需要那样的关注和关心了。”

“凯莉，你不要后悔。”我插话道。

“我生他的气。”说着，她哭了起来。

“你现在是在惩罚他。”

“我想分手。”她最后说道。听到这话，查尔斯哽咽了。

“凯莉！”我提高了声音说，“我希望你停下来，等我们仔细了解了你的感受后，你再来倾诉，好吗？”

“算了吧，”她回应道，“我受够了，受够了他对我的忽略。”她因被忽略而恼怒地回复道。

“我就知道，我就知道会这样，”查尔斯崩溃地喊道，“我知道她终究会背叛我。”

凯莉站在一旁，擦干了眼泪，起身离开了。

我对这次诊疗失去了控制。很好，我想。经过这么多努力，查尔斯再次经历了情感创伤。凯莉离开后，他仍然因凯莉坦白的事情而震惊不已，就像多年前的婚礼当天，他听闻未婚妻的事后愣在当场。他眼神空洞，面部表情僵硬，身体僵直。

“查尔斯，回过神来。”我说，“别神游了。站起来，深呼吸，跺一跺脚。查尔斯，感受一下，你现在很安全。”

我看着他紧握双拳，眼睛里逐渐有了神采。他吼叫了一声。我站在他身旁，看着他先是激动，最后颓丧。

查尔斯有意无意地亲手炮制了他最害怕面对的事情，他让过去发生的悲剧重演。虽然凯莉提出过抗议，但他还是一意孤行。他将凯莉视为理想的结婚对象，又要求她在卧室里表演他曾经历的那场情伤，然后假装自己是玩弄女人的男人。他将自己的恐惧通过她发泄出来，最后让她恼怒不已，而这也体现了他心里掩藏多年的怒火。这种情欲的幻想就像玻璃瓶的软木塞，把他的恼怒情绪囚禁在心底，木塞一旦拔掉，恼怒的情绪就会呈爆发之势。查尔斯并没有从过去未婚妻造成的阴影中走出来，他仍被困在那片阴影里。他没有从悲伤、难过之中走出来，他没有恼怒，没有跟曾经的未婚妻讨价还价，但也没有接受事实，他只想通过幻想化解悲伤之情。

这一对情人最终分道扬镳，这让我很失望。他们其实深爱彼此。他们都因害怕遭到感情背叛而情绪失控，最终凯莉公开出轨。

我想了想我们应对这种疯狂的嫉妒情绪的方式。查尔斯、凯莉、拉米和我自己，我们都没有处理好自己的恐惧情绪——都像对待烫手山芋一样将这种情绪丢开。面对感情的时候，人们时而需要爱，时而又害怕爱。但要澄清一点，我们不是真正害怕爱，没有人会害怕爱。爱是很棒的。更准确地说，我们是害怕失去爱，因此，我们都要求他人承担责任，好让我们有安全感。事实上，没有人能保证我们的情感会永不变质，没有人能彻底消除我们的不安全感。

我们需要审视自己的内心，掌控心中涌出的恐惧感。

查尔斯仍然留在我这里。他意识到，他需要自己挣脱那场情伤的束缚。“我让凯莉变成了这样，我是这次事件的罪魁祸首。我需要对这些问题负责。”他说。他恢复得很好。在这段时间里，他通过与我聊天摸索出了适合自己的方法，逐渐能够摆脱过去的悲剧场景带来的影响。我现在明白为什么摆脱过去的阴影那么难了，因为嫉妒、恐惧和恼怒这三种情绪交织在了一起。

然而，要控制嫉妒的情绪，还需要控制自己。因为自我价值和情感对我们来说都是很重要的，我们需要维持它们之间的平衡。凯莉找了别的男人以重建自我、重新树立自信。事实上，她也想惩罚查尔斯，这满足了她的自恋心理。

对我来说，接诊查尔斯让我面对了同样的问题。我明白我的自我价值在逐渐降低，也认识到我是怎样处理类似问题的。跟凯莉一样，我觉得我也失去了支撑。然而，我选择了在任何情况下都重视自己。我可以去找拉米，让他为自己的行为负责，但我对自己的感觉应该完全由自己决定。毕竟，在我们建立情感关系之初，我就提醒自己要完全袒露自己。

对于“搭讪其他女人”的问题，我要认识到，与他人比较是不公平的。我不应该跟别人攀比，只需放松心情，欣赏他人的天赋和才干就好。事实上我已经开始这样做了。如果我在跟拉米一起出去时遇到了某个漂亮的俄罗斯女人或者年轻的澳大利亚美女同拉米打招呼，我会控制自己的情绪，轻轻地呼吸，劝自己冷静。

这是一个分水岭，标志着我终于能处理自己心中累积的不安全感了。我不想有渺小感，我想拥抱自己的美丽，好好享受自己的美貌和魅力，让自己每走一步都感到自豪，无论他是否看到了我。

至于皱纹，那又怎样？这场情感危机与皱纹无关，也跟马塞拉、露丝和玛利亚无关。这意味着我需要治愈自己的创伤。皱纹无法夺去我的光彩。照镜子时，我会欣赏镜中的自己，而不会对脸上的皱纹耿耿于怀。我会欣赏自己这个人，即便身边有我钦佩和在乎的人，我仍会欣赏自己。

这样做能带给我们力量，让我们克服陷入爱情时产生的脆弱。

奥斯卡｜

没有激情的婚姻让我想要退出

我收到一封邮件，而我从未想过还能与邮件的发件人获得联系。他叫史蒂夫，长相俊美，是一位成功的房地产开发商，拥有一艘漂亮的帆船。遇见拉米前，我跟他短暂相处过一段时间。

史蒂夫的邮件很简单：他希望我还记得他，他说他需要问我一个重要的问题，至于我有没有结婚或有没有交男朋友都没关系，他的本意是友好的。他在邮件中说："我现在住在旧金山，不论你住在哪里，我都想去见你，因为我想找你谈谈。"

他就是这样，不寒暄恭维，也不说他现在的生活，更不问我过得怎么样。我怀疑他这次只是想跟我一起吃个饭，顺便谈天说地好让我开心。说实话，分别后，我再也没有想过他。

那时候，我们只约会过几次，他就带我去了他"家"——海滩旁边的一间楼顶套房。虽然房屋里的装饰、摆设都很有品位，但这个房间更像样板间而不是居住地。房间里，我看不到任何照片、信笺、个人纪念品等陈设，他可能是个极简主义者或有洁癖，但我的直觉告诉我他不属于这两种情况。他去卫生间时，我打开了他的衣柜，发现里面空无一物，连一只脏袜子都没有。哦，我的天啊！我这才知道，他根本不住在那里。

我质问史蒂夫，于是他坦白说他已经结婚了，而且还有孩子。几年前他租下了那套房子，方便自己约会。听到这个答案，我感到被羞辱。他说他的婚姻并不幸福，而约见不同女性是他唯一的应对办法，他想等找到真正爱的女子再跟妻子离婚。他还说，他是真的对我有感觉。

他对我有没有感觉并不重要，我完全无法相信这种口是心非的男人，所以我马上离开了，但史蒂夫不死心。接下来的数周，他一直给我发短信和邮件，说他觉得我很特别，甚至宣称不会再跟别的女人来往——这对他来说无异于巨大的牺牲。他说我是除他妻子以外的唯一。这是多大的“尊荣”啊！我就是他的“外室”。仿佛我只要“取代”了他的妻子，就会成为他的“王后”。

我告诉他，以后不要再联系我了。

现在，我没有理由去跟他见面。但我很好奇，我甚至认为我可以从中学到些什么用于诊疗我的患者们。于是，我对他说，我现在住在纽约，欢迎他的到来，我会请他喝咖啡。史蒂夫回复称他几天内就会赶过来。

这时候，我根本没空多想他的事。我太忙了，除了接诊患者，我每周还要跟一群男患者召开一次座谈会。我们有 5 个成员，我也会私下跟他们见面问诊。我向每个人承认会保密，这样他们就能在我面前畅所欲言了。

我们的座谈会没有什么规则，而我也从没设计过座谈会的议程，他们可以谈论任何想谈的话题，我从不知道座谈会会谈到什么话题。我们没有什么章程，所以大家都可以发言，不分先后顺序。看他们随机应变也是很有趣的事情。我让他们放下所有与社会地位有关的成见，在会上，他们都是平等的。

座谈会开始时，他们经常会保持沉默，而这会让彼此感到焦虑。他们总要暗想谁先开始，而这就引出了这样的问题：谁来决定他们说的话是否值得一听？谁是他们的主导者？谁在会上滔滔不绝？谁又会制止他？或者，谁会认为自己没提过有用的建议？即便如此，他是不是也应该获得支持？他们提出的建议别人能不能接受？在座谈会上分享自己的经历和故事，其他人能否接受？他们需要成为帮所有人解决问题的人吗？他们是应努力履行主导者的职责，还是逃避这种职责呢？

我觉得看他们相互竞争很有趣，总有人会成为主导者，而其他人则自动接受配角的角色。

座谈会的参与者有巴迪、奥斯卡、约翰、安东尼和安德鲁。

安东尼是一名法裔音乐家，他非常性感、迷人，却因一场情感变故而心碎。他的穿着就像以前好莱坞青春偶像詹姆斯·迪恩一样帅，也极富个性。他是个艺术家，态度和行为都很新潮。他多愁善感，肤色黝黑，胡须浓密。

安德鲁喜欢穿西服套装，系红色或蓝色的领带。他为人拘谨，举止优雅，不擅长跟人寒暄、闲聊，与人相处时总显得格格不入。10 年前，因为不再爱自己的妻子，他跟她离婚了，在那之后他一直单身。

巴迪管理着一家邮局。他很瘦，秃顶，以自我为中心，固执己见，爱出风头，无论什么事他都要跟人争论半天。

约翰非常喜欢女人。他经常穿得像个学生，看起来并不圆滑世故。不过，他不相信女人，所以没有跟任何女人保持长期的关系。

奥斯卡是个大男子主义者。他觉得自己一定要体验一场婚外情，并不把女人当回事。他经营着自己的公司，从不隐藏自己的心事。我觉得奥斯卡这个人不讨人喜欢，所以并没有真正关心过他。

一天晚上，奥斯卡宣称，他不确定是应该跟妻子诺拉维持婚姻关系，还是离婚跟另一个女人谢丽在一起。这番话引起了大家的热烈讨论。谢丽是奥斯卡的私人秘书，掌管财务工作。她是一位单身母亲。他们的关系已经持续了近一年的时间。谢丽平常就住在办公室附近的一所私人公寓里。

经过一个月的单独咨询，奥斯卡仍然犹豫不决，于是在座谈会上提出了这个问题，希望其他人能帮他厘清思绪。“我也不知道我是不是真的爱谢丽。”他说，“也许我只是有点痴迷吧。跟她在一起时，我的确感受到了激情，而跟我的妻子在一起时我没有感觉。我认为，这代表我应该跟我的妻子分开了。”

“谢丽满足了你什么需要呢？”约翰问。他是他们五个中在我这里咨询问诊时间最长的一个，提问的时候常会用临床术语。

“需要？我妻子无法满足的需要，谢丽都能满足。”奥斯卡说，“她关心我，喜欢我，什么都愿意为我做，跟我相处时很有激情。但我妻子只关心孩子们，我下班回家，她几乎从来都注意不到，但她最近发现了我和谢丽的关系。”

“那她怎么说？”我问。

“她生气了。”奥斯卡回答。

不久，情况变得更糟了。奥斯卡跟大家讲完上述故事的几天后，他的妻子诺拉来见我了。“这真让人伤心。他既没有说‘好好照顾自己，我爱你’，也不关心孩子们，只告诉我，我应该满足他的各种要求，然后就摔门出去了。”她崩溃地说道，“他无视我对家庭的付出！”

奥斯卡最终还是回了家，诺拉也让他进了门，却不让他睡在卧室里。诺拉似乎想要化解他们之间的矛盾，然而，奥斯卡仍然在犹豫要不要离婚。奥斯卡居然想结束他们的婚姻，这令人感到不可思议，但我认为，他之所以这样想，是因为他在这段感情中觉得自己很无力。奥斯卡在单独咨询时告诉过我，诺拉受教育程度更高，家里也很有钱。“我无法用社会地位和财富打动她。”奥斯卡抱怨道，“这令我感到惊恐。”

下一次座谈会时，我提到了他说的话，并对奥斯卡说：“上一次你告诉我们，谢丽最好的地方就在于她为了你做什么都愿意；而你也告诉诺拉，要让你回心转意，她必须满足你的要求。那么，你为什么觉得，女人能为你做任何事对你而言很重要呢？”

奥斯卡还没来得及开口，巴迪就抢先回答：“权力。在双方关系中能完全掌控对方的权力。”其余的人听罢也都心领神会地点了点头。

“你有什么想法？”我问奥斯卡。

“什么想法？说得没错啊。”

“你有自己的公司，”约翰说，“难道这权力还不够大吗？”

“那不一样。”奥斯卡说。

“有什么不一样？与让女人顺从你、围着你转、甘愿做任何事的权力不一样吗？”约翰继续问。

“我认为权力能改变人，它让我渴望拥有更大的权力。”奥斯卡说。

“的确如此，”巴迪说，“你沉醉于权力，就会想得到更多，就会迷失自我。”

“你有过无力感吗？”约翰问道，然后瞥了我一眼，想要获得我的赞许。奥斯卡没有马上回答，而是仔细思考了一会儿。约翰不耐烦地说：“我觉得你……”我举起手来，示意他不要说话。约翰和巴迪都是很自信的人，总是争着抢着要当主导者，而且会相互竞争以引起我的注意。他们两个都像好学的学生一样，在获得我的许可之后就会自己提问题。他们的术语都掌握得不错，不过这并不意味着他们更明事理。约翰的竞争欲很强，总喜欢跟别人竞争，而这又会引来巴迪的反击。他们有各自的问题，如果我不谨慎小心一些，他们就会争论不休。我想制止他们的争论，此时，奥斯卡似乎想到了什么事。

“让奥斯卡好好想想。”我说。

听到这话，约翰有了小情绪，他噘起了嘴。他不喜欢被迫保持沉默。

终于，奥斯卡轻声地说：“有段时间，我哥哥一直欺负我。”他逼着自己去看大家，大家也都露出了不可思议的神情，都没想到会得到这样的答案。“我不能告诉我妈，因为她更爱我哥哥。”听到这个令人惊愕的消息，大家都不知道该做出什么样的反应，也包括我，因为我不知道还有这种故事。大家陷入了死一般的沉寂。

“你们太安静啦……”我打破了沉默。大部分男人很难表达对别人的同情，他们也一样，不过既然奥斯卡说出来了，他就需要得到别人的回应。奥斯卡等待着，看上去很尴尬，我也有这种感觉，但他们一直不说话，这让我有点生气。

终于，巴迪打破了沉默，说：“我不知道该说什么。”

“哇，谢谢你说出了这句话，伙计。”安东尼说。我本来以为他一直沉默是在想什么事，其实他一直都在倾听。

“是啊，我也不知道该说什么，伙计。”约翰说。

“是啊，谢谢你们。”我转头去问奥斯卡，“那你为什么选择告诉我们这件事呢？”

“我认为，在那些年里，我的哥哥控制了我。”奥斯卡说，“现在我可以控制别人了。有一段时间，我认为我完全控制了谢丽，但现在我知道并非如此，因为是我完全被她迷住了。”

“跟你妻子在一起时，你觉得自己强势吗？”巴迪问。

“不觉得。”

“我明白了，呵呵。”巴迪说着，揶揄地笑道。

“家里的一切都由我妻子做主，”奥斯卡说，“我知道，这是因为我经常不在家，但是我在家的时候会感觉自己很没用。对我妻子来说，我就像个提款机。我感觉，无论我做什么，她都不会欣赏我。”

我听到过太多这样的抱怨了，真希望将这句话告诉所有女人，请记住：对男人而言，你的欣赏和感激非常重要。

“所以，别人控制你会让你生气。”安东尼说。

“遭受过长期欺侮的人有这种情绪很合理。”我说。

“我更喜欢那种欣赏和感激我给予她的一切、愿意做任何事来取悦我的女人。”奥斯卡说。

“这让你感觉很有力量、很强势。”巴迪说。到目前为止，我看出他和奥斯卡的观点是一致的。

“是的，我也沉迷于此，伙计。”

有权势的男人往往会喜欢上比自己更强势或更弱势的女人，他们喜欢权势不对等。谢丽自然是有魅力的，她很聪明地预见了奥斯卡的权力需要，并利用了这种需要。她让自己变成了奥斯卡的附属品，让他感受到了他希望拥有的力量和权势。他也会给她经济上的支援作为回报。不过，她也在逼迫他与自己建立长久的关系。她希望他跟妻子离婚并娶她。奥斯卡跟谢丽声明他不会同诺拉离婚，但谢丽还是逼着他离婚。为了给他施加压力，她还会在他上班时打电话告诉他，她和她的朋友们打算去某夜总会玩个通宵——而奥斯卡却要回家陪家人。然后，她会发信息告诉他，她玩得有多开心以及她很想他。她不会直接威胁奥斯卡，却总提醒他，那个满足了他对女性幻想的女人其实是单身。

这个潜在的威胁让奥斯卡胆战心惊。他整晚都在想她在做什么。他对她很痴迷。

让别人对你痴迷很容易，你只要让他们的自我意识膨胀就可以了。关键在于行为研究中最基本的原则之一：强化。这种强化可以是有计划、可预见的。例如，每周五领工资，每个情人节都制造浪漫等。你知道计划，你能预见结果，而这也让你做出了承诺，你整周都会去上班，每年二月时都会买一大盒心形巧克力。但这让你失去了一些激情。

间歇性的强化效果更好。整个过程都是随性的，你猜不到什么时候能收到成效。在这种情况下，受试的“小白鼠”会像恶魔一样用“杠杆”来获取“食物”，希望得偿所愿。因为早有打算或是熟悉事态，谢丽完全明白奥斯卡的心理。她会先付出一点点，然后再拿走，这让奥斯卡困惑不已，这样，当他再次得到自己想要的东西时，他就会很激动。这就是奥斯卡理解的激情。

“你过去对你妻子有激情吗？”巴迪问。

“有，在很长一段时间里，我对她很有激情。我爱她强悍的个性，然而她太过强势，我已经厌倦了。”

“你似乎对你的妻子很不满，”我说，“我怀疑这因你对你哥哥的恼怒而起。而且你说你母亲更喜欢你哥哥。”

“你的意思是，我把那些情绪发泄在了妻子身上？”奥斯卡问。

“也许是吧。”我说，“严重的情绪问题会浮出水面，让你的爱黯然失色。爱也许仍然存在，但无法被感知。这种情况经常发生，人们会认为，爱已经消失了，而事实上，你的恼怒情绪告诉我，爱仍然存在。”

“如果连恼怒的情绪都没有，那就真的没有爱了。”安德鲁插话道，“我跟妻子之所以离婚，也是因为如此。我觉得这个决定做对了，离婚后，我过得很有意思。”

“那你为什么来咨询就诊？”奥斯卡问，“你单身10年了，最近生活如何？”

对这个问题的答案，安德鲁已经胸有成竹。很快，他就说：“我就是还没遇到让我有那种来电的感觉的人……”

安德鲁是他们之中名义上的局外人。他总是坐在离大家有点距离的地方。他只在座谈之前或之后偶尔友好地跟别人讨论一会儿。别人求助时，他也很少说话；他一说话，就会以盛气凌人的态度提出自己的意见。

安德鲁是这五个人中最难以沟通的人。我解答了他的问题之后，他总要等我解释一番，然后再判断我说的对不对。他表面平静，内心却藏着一股愤怒的暗流。他酗酒，认为酗酒可以“改善”自己的情绪，因为“没有好酒和女人，人生如同荒漠”。安德鲁不喜欢日常生活里的陈词滥调，他把我当成了威士忌和其他女人，希望我给他带来兴奋感。

“我总是跟女人一起出去。如果觉得没什么意思，我就会让她们离开。我就是没有遇到能够完全吸引我目光的女人。”他对奥斯卡这样说，语气里暗含不想继续聊这个话题的意思。

“也许没有吸引力的人是你自己吧。”奥斯卡反击道。

我本来想说话，但安东尼这时插话说：“如果你想要感受爱，那你就应该关心对方，伙计。我的问题就是，我太关心对方了，感受的爱太多了。我爱得太多，所以我受的伤也重。我仍然爱着过去的恋人。”安德鲁听罢咬了咬牙，又摇了摇头。

“安德鲁，与她们相处的时候，你并没有用心去爱。”安东尼继续道，“我想，跟女人相处的时候，你必须投入，伙计，你要向女人敞开心扉，欣赏她们的美，找到她们吸引人的地方。每个人都是引人注目的，你也是。”

令我意外的是，安德鲁并没有批评安东尼的这番分析。“我觉得，我的生活优渥，职业很不错，房子也很漂亮，”安东尼说着，耸了耸肩，“但从未想过我会过得如此空虚。”

“我认为我非常爱女人，”安东尼说，“我总想得到她们。她们的面容让我着迷，她们可爱的身体让我沉醉，我很喜欢跟她们接触。我陷入爱里无法自拔，独自一人时睡不着觉，没有女神的眷顾，我简直什么也做不了。”

“但现在我知道了，我以前不够爱自己。”最后，他这样总结道。

“我也想要那种愉快的感受。”安德鲁说，“我知道这种感受是存在的，我以前感受过。”

“安德鲁想要激情，”我对大家说，“这就是爱吗？”

从本质上而言，我面前的所有男人都想弄明白这个问题，他们对此都有强烈的感觉，但这些感觉是准确的吗？这种激情究竟是爱还是痴迷？是一种自我满足感吗？还是荷尔蒙在作祟？这种感觉能够维系一段感情吗？

“安东尼说出了对大家而言都很重要的内容，”我说，“你们有什么想说的吗？”

“我有个想法，”安东尼说，“我们能不能像之前的座谈会那样，做一次集体冥想？”

没有人反对。大家都闭上了眼睛，我引导他们通过假想联系产生爱和亲善的感受。这种介入法我经常用，它看起来很老套，但我并不介意，因为这种方法很管用。这一次，我看到奥斯卡和安德鲁眼中有了泪水。

一个周二的下午，我约了史蒂夫在西村区的一家咖啡屋见面。我迟到了几分钟，但我到的时候，他还没来。我在咖啡屋里的一张小桌子旁坐下，点了一杯卡布奇诺，一边喝一边翻阅《纽约时报》。

终于，史蒂夫带着愉快的微笑现身了，他看起来胖了，除此之外，和以前并没有什么不一样。他对曼哈顿不熟，出门乘地铁时迷了路。他很兴奋，也有点紧张。他不想喝咖啡，也不打算闲聊。“我直接说重点了，”他说，“我还没离婚，最近，我把我跟别的女人的事都告诉了我妻子，也告诉她，在这场无爱的婚姻里，我过得多么不幸福。但她不想和我分开，试图制造浪漫情调挽回我。我跟她说，我给她 10 个月的时间，也就是到我们下一个结婚纪念日时，如果我没有再次爱上她，我就会离婚。”

“所以，布兰迪，”他继续道，快速呼吸了一次，“在我将所有的情感都投入婚姻之前，为了获得内心的平静，我想弄明白一件事。现在，我几乎获得了我梦想和期待的一切：事业上功成名就，也去全世界各地旅游观光过，还跟许多女人有过关系，但我再也没有感受到跟你在一起时那种兴奋和愉悦感。这么多年来，我每天都在思念你。请你跟我说实话，这对我很重要——我想知道，你是否对我也有这种感觉？”

什么？听到这话，我愣住了，不知道该说什么。但我的沉默让史蒂夫很紧张，他继续说道："我知道我做得很过分，让一切都失去了神秘感。我想说，你是我见过的最有魅力的女人，跟你在一起时，我的整个世界似乎都明亮了。"

我本能地转用了职业交流模式："所以，你想更有活力。"

"是的！我想要那种欢愉的感觉。真的很神奇。这色彩缤纷的世界看起来更亮眼了！"

史蒂夫想与妻子离婚，去找寻这种欢愉的感觉。但他也担心这种感觉不会持续太久，他不确定是否要放弃以前获得的一切。所以他想知道我是否对他有同样的感觉，但我在想：这就是他认为的爱情吗？

男人，甚至我们所有人，追求的就是这个吗？我明白了。

最近，座谈会的主题是激情和欢愉，但我对拉米仍然有不同寻常的想法，我也醒悟过来了。

欢愉感太棒了。我们都应该享受这种感觉。像我的患者们那样，史蒂夫想要拥有长期、极致的欢愉体验。显然，在情感关系中，这种期待是不切实际的。他似乎混淆了幸福和激情的含义。他根本无法忍受没有欢愉感的生活，他将对爱情的期待都放在了我身上。我真的有些怜悯他。史蒂夫看起来很迷惘，跟我上次见他时没什么不同。但我对史蒂夫一点也不感兴趣。

我很确定，史蒂夫也知道他没有赢得我的心，所以他跟我说了他为什么会跟现在的妻子结婚（因为她是他认识的最美的女子）。但很快，他发现她不是他的良配，而他也不喜欢跟她在一起。不过这时已经覆水难收，因为他们有了孩子。他觉得，要是抛弃她和孩子，他会有罪恶感。在他看来，他已经被这段婚姻困住了。为了补偿自己，他开始找其他女人，但他仍没有学会该怎样获得自己想要的东西。

他说，在我身上，他发现了他一直在找寻的东西——对生活的热情、对小事物的感恩和欣赏、在日常生活中找寻刺激的能力、好奇心和与人沟通交流的欲望。他在我身上发现了这些特质，而我希望他明白，只有自己投入地生活，他才会有幸福感。

“你当然会觉得跟我很亲近，”我告诉他，“因为这是我培养的一种技巧，我已经获得了回报。也许你也应该学习这种技巧，并将之运用于跟妻子的交往中，而不是要求她来取悦你。”

“你试图分析我找你的动机，好像我是你的患者一样，”他说，“听着，我只想知道你是否对我有这种感觉，还是这一切都是我自己幻想出来的？”

“我没有你说的那种感觉，我根本就没有想过你。”我不高兴地说。

“谢谢你诚实地告诉了我这些，你已经帮到我了，谢谢你。”

说完，他满意地走出了咖啡屋，自那之后，我再也没有收到他的消息。

麦克 |

女人真麻烦，总想要感情

男人们都会告诉我他们真正想要的东西。通常，他们都会坐在我办公室的沙发上，自觉地抬起头来，毫不犹豫地告诉我："我想随心所欲地寻找不同的女人。""我想要激情。"还有一个男士这样说："听着，女士，你分析得太多了。"

无论如何，我对他们的无情"审问"似乎总能揭示他们复杂的内心感受。

麦克的经历是个有意思的案例，他来自俄克拉荷马州，他胆大心细，喜欢嘲笑我奇怪的分析理论，而且总带着南方口音，用简单却很难反驳的逻辑质疑我。

"我的身体总是不安分，我离不开女人，这样有问题吗？"他问道。他会在暗地里偷笑，还总说我太过严肃。我并没有拿他的需要开玩笑，而是在认真对待他。

我："你怎么知道你需要女人？"

麦克（微笑）："你这个问题是什么意思？我就是知道啊。"

我："那你知道你需要女人的时候有什么感觉吗？"

麦克："不知道，医生。女人们经过我身边时，我想的就只是跟她们搭讪，这样，我会很兴奋。”

我：“好吧，你感觉很兴奋。我们来了解一下，你说的兴奋是什么意思。我认为有活力是很棒的，那样，我们的感觉会更敏锐，我们会觉得自己精力充沛。然而，你也有挫败感，所以你才会来找我，这是为什么？”

麦克：“因为我已经 4 个月没有和女人交往了。”

我：“你希望女人对你做什么？”

麦克：“拥抱我，喜欢我，跟我打情骂俏，说话聊天……”

我：“好的。那这么说，你很孤独？”

麦克：“是的，是真的。我就是没有真正承认过这一点。”

我：“你很孤独。承认这一点让你有什么感受？”

麦克：“悲伤。”

我：“这有什么好悲伤的？”

麦克：“这让我感觉自己是个失败者。”

我：“因为你在回避自己的感受，所以你对女人的欲望看起来就像一种冲动性的想法。我猜，你一定为自己的冲动和欲望找了很多不同的借口。”

跟我接诊的许多患者一样，麦克也不知道自己想要的究竟是什么。显然，麦克没有意识到自己是孤独的。但是，他的身体感受到了躁动——这是一种生理感受。麦克与来我这里咨询的其他男人一样，所以我要清楚地认识他们的欲望，也就是他们的情感渴求。

在进行心理咨询工作时，我经常见到这样的人。他们都经历过情感创伤：可能是因为跟恋人分手，可能是因为恋人移情别恋，也可能是因为失去了挚爱的人等。患者因此深感受伤。有时候，他们难过悲伤；有时候，他们情绪强烈。但不久之后，他们对异性的渴望会变得很强，或者陷入爱中无法自拔。诊疗的必要性就在于，我知道这种欲望和爱不是真的，但他们不知道。

我们的头脑中有很多控制和压抑痛苦情绪的办法，如让自己麻木、自我隔离、将自己的情感投射到别的人和事物上，等等。上述情感变化更有意思，人就像失去了正常的情绪感知，他们心里生出的不是迷惘或害怕，而是像拥抱了全世界一样的愉悦。你没有平息自己的情感和情绪，你改变了它们。我试图让我的患者们明白该怎样深入了解自己行为的动机和情绪、情感的变化。虽然我知道这很令人扫兴。

麦克对女人既有渴望，也有焦虑，这是他的问题。但如果他继续相信他的幻想，那他仍然找不到自己想找的东西。正如你看到的那样，麦克不知道自己是孤独的。在后文你也会读到，这种孤独感还会被别的东西掩盖。

麦克的案例证明了原始渴望的重要性。原始的生理渴望常常会跟其他欲望一起出现。为什么情感会变化？为什么不去了解一下自己想要的究竟是什么，然后去为之努力？为什么要建造复杂的情感迷宫？

读完接下来这段对话，你就会明白为什么了解自己的欲望并为之努力并不总是那么容易的。

麦克：“我就想满足身体上的欲望，我对开始一段感情不感兴趣。为什么跟女人有关的事这么复杂？为什么女人总想要一段感情？为什么总有情感掺杂在男女关系之中？女人难道不能像男人一样吗？”

我：“你问过别人上述问题吗？”

麦克：“没有，我不想为这种事烦恼。找女人很难，接近她们也很难，要明白她们的暗示更难，我可不想自找麻烦，还是找按摩屋女郎更轻松。”

我：“好的，你这种处理方式听起来很不错。”

麦克：“只是我很难找到我喜欢的、愿意去做的事情。”

我：“你想做什么？”

麦克停顿了一会儿，看起来有些不快。他将目光转向其他地方，身体扭来扭去，然后说：“哈哈哈，你就像个小炮仗，问的问题真直接，不是吗？”

我：“你想进行交心的互动吗？”

麦克停顿了一下，说：“对，我想要拥抱、亲吻之类的互动，就像普通女人做的那样，你知道的。”

我：“仿佛她也想那样做、她也需要那样做？”

很多男人都有这种想法，我听过很多类似言论。

麦克：“是的。”

我：“你需要触碰，需要与人接触，需要感情。”

麦克：“我很孤独，但我并没有试图找寻爱情，医生。”

我：“我记得你告诉过我，你的一位朋友建议你去‘邮购新娘’

（通过婚姻中介纸本目录、网络、电视或其他形式的广告宣传，由男性从中挑选，借此出嫁的女性），我觉得这个主意很适合你。”

麦克：“什么？为什么？”

我：“这个方法很实用。你不用去找女人，也不用刻意接近女人。因为你说过这对你来说很难。”

麦克：“别人会怎么看我？”

我：“我们可以换一个角度来看，因为这只是你的选择，是你的权宜之计，但能帮你脱离困境。而且，她会听你的号令，当你有需要的时候，你不必费心去找别人，她会做任何你希望她做到的事。”

麦克：“她最好能做到我想要她做的事。这很棒，能拥有一个完全属于我的女人。嗯哼……不过，不对！这样她就会一直在我身边，那如果我不想跟她约会怎么办？如果我们没有共同语言怎么办？她甚至可能不会说英语。”

我：“不说英语，这对你而言也有好处。”

麦克：“你真讨厌，医生。我想找一个能让我快乐的女人。我想拥有一段感情！你为什么不说我需要学着控制对女人的恐惧？你的建议真是疯狂。我想离开了。”

我：“疯狂？我是在用你的思维方式进行思考。你为什么生气？”

麦克：“你说我需要买女人。你说我得不到自己的女人。”说着，他移开了视线。

我：“不，我不是这个意思。这话是你自己说的。”

麦克停顿了一下，然后微笑地问：“逆反心理？”

我：“是的。”

麦克：“我讨厌你。”

我：“别这样，你真可爱。我知道你会得偿所愿。你觉得呢？”

麦克的愿望和幻想不仅显示出他对女人的焦虑，也表达了他想克服这种焦虑的渴望。他一直这样幻想，也明白这种幻想站不住脚。他说他真正想要的是一段感情。他的问题在于他不擅长与女人相处，他害怕她们。他热衷于花钱找女人，这样，他的自尊就不会受到挑战。他试图证实这一点，这听起来很合理。是的，男人可能想满足身体的渴望，但显然，麦克找女人并不只是因为这一点。

我的许多患者之所以不知道他们想要的究竟是什么，是因为他们没有完全认识到他们真正渴望得到的是什么。他们常常会渴望获得某些东西、突然想体会某种感觉，他们几乎不假思索就会有所行动。我的目标就是教他们在欲望涌起时先停下自己的行动，好好想想这个问题：我真正想要的是什么？

安东尼|

女人要么是天使，要么是魔鬼

“女人就是巫婆！”座谈会的新成员威尔说。他将这句话当成事实，而且对此深信不疑。对威尔而言，这就是事实。我环顾四周，看看房间里有没有人想对威尔的话做出回应。大家都没有说话。我猜想，他们之中有几个人多多少少会认同这句话。而且，老实说，他们的沉默也提醒了我，这种观念我们不能再熟视无睹，因为很多情感问题都因它而起。

我希望这种沉默只是他们偶尔才有的交流状态。威尔的大男子主义倾向很严重，其他人都不敢像平常斗嘴一样去质问他。最后，还是我先开了口。

“这是关于女人的一种非常片面的说法，威尔。我知道你很聪明，而且你也知道人都是复杂的，那么你为什么会这么说女人？”

“女人的力量是强大的，她们也知道这一点。”他说着，眼神空洞地盯着墙壁，就像发呆一样，“她们很会摆布人、控制人、诱惑人。”

“那么，女人诱惑你的时候，你有什么感觉？”

“有个女人，先告诉我一些她生活中的悲伤经历。她好像需要我给她提建议，但我以前就见过她这样做，所以我并不买账！”

“这是你对她的看法。她说话的时候你有什么感觉？”

“脆弱。我不想在她面前表现出这种脆弱。”

安东尼开口问道：“你在害怕什么，伙计？”

“害怕陷入爱里。”威尔答道，这个答案似乎让他感到骄傲。

在给威尔进行单独诊疗时我了解到，因为受到早年经历的影响，现在他认为爱意味着卑微和排斥。所以，他看不起女人，并试图通过控制女人，压抑这些情绪。

另外，在对威尔进行单独诊疗时，我自己的情绪出现了问题，我感到很厌烦。以前别的患者进行咨询时，我也遇到过这样的状况。打过招呼之后，我就会了解一个新的情感故事，会发现一个男人独特的秘密，会了解他情感关系的矛盾之处，然后我就会感到厌倦，继而失去兴趣。对患者进行诊疗时，我通过不断询问分析，一点点帮他们建立自尊和自信。我觉得我榨干了他们所有的美好之处，只剩下他们的挣扎，这让我感到非常恼火。

一天，对威尔进行过诊疗之后，我回到家，打电话给我的母亲。“心理治疗真令人厌烦，”我说，“这些男人真的很烦人！坦白说，在餐馆当服务生更有意思！也许我该找份别的工作了。”

“布兰迪！”母亲大喊道，她努力想保持一个严格的母亲的口吻，但最终还是大笑了起来。应该提一下，我母亲就像美国女演员伊丽莎白·泰勒一样美，有一头闪着光泽的头发，大大的蓝眼睛，白皮肤，总有无限的能量去传播爱。她是个很有灵性的女人，想给予所有人关爱。即使我做错了事，她也能无条件地给予我关爱。例如，有一次，她住的地方来了个歹徒，那家伙一家一家地敲门，如果有人来开门，他就会闯进去。到我母亲房门前时，她不知道外面的人是个歹徒。她邀请他进门，和善地对待他，最后，歹徒居然向她倾诉了自己的故事，他居然忘了他来这里要做的是什么。每每想到这一点，我就忍不住微笑。

所以，听到我的抱怨，母亲自然会为来我这里咨询的患者说话。

“你应该抱着怜悯之心对待他们，”她说，“不要沮丧，你应该做一盏照亮他们心灵的明灯。”

“是的，我知道我应该怜悯和同情他们，”我用一种仿佛被她说服的口吻回应，“不过我觉得我有点不对劲儿，我真的要一直抱着怜悯之心吗？”

这对我来说太过理想化了，这一点也不正常。谁会一直对所有人保持同情、怜悯的态度？我当然知道，我的同情和怜悯能帮我取得最好的诊疗效果，但事实上，我并不总能保持这种心态。

不可否认，我学会了怎样装模作样地走过场。我知道什么时候该说什么话、该做什么事。但相信我，你是不是装的，你的患者们完全能看出来。这就像机械性的亲密行为：两个人会做所有恰当的动作，然而对彼此一点感觉也没有，一切行为都只是凭本能行事。

我认为，这是人际交往中最基本的问题之一。如果患者付了钱却不和我说实话，那他们还能把实话告诉谁？如果他们无法跟女人交往，那他们谈的感情又是什么？

我很努力地想要同情威尔，但直到他在座谈会上表达了对女人的恼怒情感，我才真正开始同情他。那时我才发现，长久以来，威尔并没有跟我建立起友情。但他诚实地回答安东尼的问题时，我能够感受到他话语中的痛苦，我也能够理解他。

有时候，在跟患者进行座谈时，我感觉我像是跟一堆僵硬的木头坐在一起，跟机器人坐在一起，他们面部表情僵硬，像是标本。这样，我会很崩溃、很疲惫地离开办公室。我真的不想再这么拼命了。

不过现在我发现，这群人是需要我的。我的职责就是帮他们摆脱那种木偶般的生活，帮他们洞悉自己的感受、感知自己的感受、畅谈自己的感受，这样我才能关心他们，诊治他们。

他们有任何感受都应该冒着风险让我看清这些感受背后的真正内容，而且我想，在感情方面，他们的感受也一定是这样的。人必须有自我，才能有激情。如果他们在生活中无法跟任何人建立亲密关系，那我就会要求他们巩固与我、与他们彼此的情感。这需要他们认识到，他们是很重要的，而我们的关系不只是医患关系，还是一种很重要的人际关系。他们对我很重要，我对他们也很重要；他们生命中出现的其他人很重要，爱也很重要。

然后我会做出决定，教他们怎样跟人保持关系。我不会因为他们不懂而感到厌烦和泄气，我认识到，我的职责就是帮他们摆脱困境，帮他们认识真相。我知道，要做到上述内容，我就应该重视他们的一切特质，即便是我憎恶的特质，我也应该重视。他们一定是因为什么正当的理由才关闭心门、放弃自己、不理会我的意见的。我会竭尽所能地引导他们探索自己的身体和心灵，给予他们温暖、关爱和同情。我会去找寻他们身上的生命力，哪怕只有一点点，然后给予关怀。

“这几天我做了一个梦，梦到我在打我母亲耳光，打了很多次。”安东尼突然说道。哇！这听起来真不像是安东尼所为。大家都很震惊，我也不例外，不过我震惊另有原因。只有我知道，那一周，在我单独接诊安东尼时，他因故对我生气了。我想起他失望地摇着头，在我办公室里走来走去的样子。

“那是什么表情？”我说。

“什么什么表情？”

“我不知道，安东尼，这真奇怪。”

“你真让我生气。”

病人将怒火对准我的时候很关键，没有什么比直接给你最原始的东西更好的机会了。这是改变的重要机会——只要我不因此而发火。我的确对他有点防御心理，这样我就能培养他的情绪，看看是否有机会改变他对女人的感受。

“我怎么惹你生气了？”

“你辜负了我的信任，我觉得我再也没有办法对你敞开心扉了。”

“我怎么辜负你的信任了？”我不明白他为什么这么说。

“在座谈会上，你说我有某种缺陷。我不想让他们知道这些，你侵犯了我的隐私。”

我真的不记得发生过这种事。一般情况下，除非他们自己说出口，否则我不会在座谈会上提及患者的就诊情况。

我们已经了解到，安东尼有大吃大喝、开车出游的习惯，只要有机会，他总是迫不及待地出门。我将他的这一行为归咎于他在巴黎长大、没有安全感，他不确定自己能不能获得生存必需的东西。他学会了疯狂挥霍，总是担心自己得到的不够多。

“安东尼，我记得你几周前提到过这一点。”我说，“还记得那天你在座谈会上说，你是怎样快速做所有事的吗？”

安东尼回想着，但仍然态度坚决地说：“我觉得我不能继续在你这里咨询了，我要去找别的医生，我无法再相信你。”

“你不相信的是安全感，安东尼。”我说，“你从未有过安全感。你从小孤苦伶仃，你不知道有安全感是什么感觉，但在我这里你是安全的。”

“我现在没有安全感。”

“你是安全的。你袒露了你的感受，那是真实的。通过前期的咨询，我能够明白你，知道你所有的感受。这就是亲密关系带给人的感觉，可能会令人觉得不舒服。”听我这样说，安东尼低下了头。“我明白你为什么会觉得我冒犯了你，但仔细想想，不要逃避，安东尼，我希望你能承受。你是安全的。”

经过这次谈论，安东尼再来参加座谈会时又有了新的困惑，那么这种恼怒感究竟是从哪里来的？

“这真令人困扰。我很愤怒，恨不得要她的命。我现在觉得糟糕透顶。但谁会揍自己的母亲啊？”

“我能明白你的感受。”巴迪说，“我母亲告诉过我，我小的时候也总生气，但只对她生气。我记得六七岁的时候，我也打过母亲。”

“我甚至现在都不跟我妈说话。”奥斯卡说，“我跟她说哥哥一直欺负我，可她就是不相信。她把所有的感情都倾注在了我哥哥身上，却忽略了我。她说我告状只是为了吸引她的关注，这让她很恼火。”

“我也一样。”安德鲁说，“唯一让我恼火的人就是我妈。我也知道她是我妈，可她总让我恼怒。有时候我也不明白她为什么会那样做。她控制欲很强，态度专横。”

“我明白，有时候我对我妻子也有这种感受。”奥斯卡说。

“不要感觉那么糟，安东尼。”约翰说，“以前我也幻想过与母亲抗争的场景，我现在仍然会幻想这些。”

“总是幻想这些，有什么理由吗？”我问约翰。

“她非常挑剔，总是拿我跟我的兄弟们作比较。”约翰说，“我成绩不怎么样，但他们上的都是常春藤盟校。在我妈身边，我总觉得自己不够优秀，而我认为妈妈应该让孩子更自信。”

这句话引起了大家的共鸣，他们不再深究彼此的故事了。我能够感受到他们激动的情绪，也想到了母亲的伟大之处。我们都希望获得母亲的关心。在共同印象里，母亲应该是抚养我们长大的人，是能够安慰我们、支持我们、爱我们、关心我们、保护我们的人。但当她没有做到我们需要的那样时，我们的怒火就会如火山一般爆发。

“你们都知道，当你无法从爱的人那里获得你需要的东西时，你就会恼怒。”大家说完以后，我也开了口，“问题是，他们常常会让我们失望。没有人能完全达到你的期望，或无条件地为你付出一切。所以，你能怎么办？”

“不再跟她说话。”安德鲁说。

“是的，我也会这样做。”奥斯卡说。

“这怎么能平息你的怒火呢？”巴迪问。

“你不懂，”奥斯卡反驳道，“但这也不重要。人是不会改变的。”

“我觉得我妈就不一样，”巴迪说，“我现在跟她感情很好。我必须接受她这个人和她的能力。”

“说起来容易做起来难。”奥斯卡说，“那你跟你妻子相处时为什么不这样做呢？”

现在该我调停了。“好啦，伙计们。大家现在很恼火，所以不要相互发火了。我认为，如果我们能调整自己的期待，就不会感到失望了。女人不会完全满足你们的需求，而你们也不会完全满足女人的需求，所以跟她们永不来往是不合适的，你们也不能揍她们或是欺骗她们。你们为什么不同情自己身边的女人呢？她们那么努力，却得不到你们的关注。”

“直接向妻子或母亲说明自己的需要，这个办法怎么样？”约翰问。

“这个主意很不错。”我说。

“如果她们不按你说的做呢？”奥斯卡问。

“控制她们。”巴迪大笑着说，“把她们绑起来，逼她们就范。”

“去你的吧，这难道不会伤害我们的感情吗？”奥斯卡说。

大家听了都大笑起来。再没有什么办法比这种打趣更能平息人的怒火了。

那天晚上在做座谈笔记时，我惊讶地发现，参加座谈会的这群男人，童年时都对母亲很不满。我不禁产生疑问：他们恼怒的本质究竟是什么？

我想，男人不需要每天都回忆自己童年时期的恼怒情绪，真正让他们恼怒的是，他们每天都感觉自己非常需要女人的爱，但他们不相信女人能够给他们自己想要的东西。我认为，他们对女人不友善的态度，其实反映了他们对爱的渴求。我们身边常会遇到这样的人和事，我认为，他们之所以恼怒，是因为他们想跟女人真正建立感情。正如一个男人曾告诉我的那样："我讨厌她，因为我爱她。"

我觉得，男人爱人的能力与母亲有关。如果男人在孩提时代觉得自己的母亲不关心他、漠视他，甚至对他残忍，那么他对女人的看法就是消极的、歪曲的、痛苦的。参与座谈会的几个男人，大部分跟自己的母亲关系糟糕，他们与自己的女友或妻子的关系也很糟。我可不相信他们天生就想远离女人。当我身边的男人用"贱人"或"疯子"来形容一个女人时，我总想追根溯源，探究他们为什么会说出这样的话。有意思的是，我发现，他们的敌意背后是对浪漫和爱的渴求。问题是，当他们爱的女人抛弃他们时，他们会深感耻辱，然后假装自己也很厌恶对方。

此外，我还发现，女人开放一点儿的话，这些男人就会骂她们是"荡妇"。男人不是很喜欢找随便的女人吗？他们为什么会对随便的女人有这么大的敌意呢？我觉得，这可能是因为，男人们只是希望得到女人的重视。但男人们可能不明白这一点：大部分男人害怕自己不被重视，他们做不到坦然应对。

下一次座谈会之前，我约了奥斯卡和他的妻子见面，让他们一起参加诊疗咨询。奥斯卡想知道他们的问题还有没有机会得到解决。咨询开始时，奥斯卡的妻子还能很平静、很清晰地表达自己的感受，但突然，她就变得恼怒，朝他发火，抱怨他浪费了她的生命和青春，抱怨他是个不合格的父亲。我要求她只看我，不要理会奥斯卡，这样，她说话的时候我就能安慰她。但她再次开始辱骂他、责备他，我不得不叫她停下来，并告诉她，在问询过程中不得再出现这种情况。虽然我完全明白她的怒火是因为自己过去受到了伤害，但我也为奥斯卡感到难过。我知道他已经悔悟了，也知道他一直在努力改善。他会完全敞开自己的心扉，袒露自己的软弱之处，但这时，她却狠狠地捅了他一刀。

那天晚上，跟一个女性朋友谈论这件事时，我问道："我怎么会站在他这么个情感骗子的一边呢？我入行是为了帮助女人啊。"她大笑着说："你就是这样的啊，只是你自己不知道而已。"

后来单独见奥斯卡时，他感谢我维护他，他说他很感动。他说，当初他遭受哥哥欺负时母亲没有给予他的东西，我给予他了。他表达了对自己婚姻的怀疑，他不确定自己能否平息妻子的愤怒。我告诉他，虽然她生气了，但她没有说要离婚，他误解了她。他接受咨询时，妻子是支持的，她表示会等他。他难道没有想过这就是爱？

奥斯卡决定离婚，跟谢丽在一起。他告诉我这个消息时，还特地提醒我不要让他改变心意。我只是耸了耸肩，但老实说，我很失望。之前我们一直在努力探索爱究竟是什么、痴迷又是什么，并尝试区分这两者。但他还是认为，他对谢丽并不是痴迷。他很确定，谢丽是爱他的。

后来，谢丽有了新欢便离开了他。这时，他成了单身汉。这也是我最后一次见到奥斯卡。他打电话给我说，他要去西班牙，所以以后不会再来了。我们无法更进一步，这让我感到很沮丧，但心理治疗就是这样，它不总是象征着结束，它也是医生和患者人生旅程的一部分。改变的过程是缓慢的，我也在学着保持耐心。这些男人还是每周都会举行座谈会，讨论他们所做的努力，重复着没有什么改善的生活。我看着他们陷入抑郁、恼怒、悲伤和焦虑之中，看着他们努力摆脱它们。我也学会了将心理治疗视为一种艺术，像雕刻一样的艺术——我们小心地雕刻着一块未成形的东西，直到一件精美的作品诞生，这让我们既惊讶又开心。

我曾做过关于安东尼的梦。梦里，我在海滩上发现了一块石头，石头因为海水的冲刷而光滑无比。我在石头上写了“你很安全”，然后让安东尼将石头一直装在口袋里。

在诊疗过程中，我把这个梦告诉了安东尼，我们也讨论过他为什么需要建立安全感。事实上，只有学会容忍跟人亲近时产生的不安感，他才能够真正维持亲密关系。无论何时，只要他想离开我——就像他认为我背弃了他时一样——我就告诉他，他需要忍受这种不舒服的感觉，这有助于他的成长、成熟和改变。

我还跟安东尼说，他对女人的态度太过片面，不像诗画一样美好。“她们对你的伤害都是你的想象，”我说，“你应该习惯她们原本的样子。”

“那我如何才能做到像你说的那样呢？”他问道，“教教我，我该怎么做？总是谈论这些，我也厌倦了。”

“闭上眼，”我说，“我希望你想象自己是个孩子，回想自己孤独、生气的样子。试试看你能不能真的感受到那时的恼怒。”他想象的时候，我略微停顿了一下，“你身上仍然有那个孩子的影子，安东尼。现在，我希望你以成年的、睿智的口吻，跟他聊一聊。”

“在心里不断重复这些话：我在你身边……我是你的安全港湾……我会好好照顾你……我一直在这里……我爱你……你将拥有你需要的一切……你可以放慢脚步。”

然后，我们沉默着坐在那里。安东尼的眼睛紧闭着。我真希望能抱抱他。该死的心理学规则和伦理标准，有时候看起来真的很不人性化。

我向参加座谈会的男人们提了一个问题：“你们想从女人那里获得什么？”我一直在训练他们辨认自己的情感需求，这样他们就能知道怎样以一种新的方式来回答我的问题。

“我想要她们取悦我，”约翰说，“我希望她们能让我感觉良好。”

“我希望她们能让我兴奋、开心，因为我无法忍受无聊。”安德鲁说。

“我希望女人能给我一切，”巴迪说，“我想要高高在上，我想变得强势有力，我想得到她们的感情。如果得不到，我会很难过，我就会去找别的女人。”

“我感觉很空虚，”巴迪说，“我控制不了自己的感受。”

“除了从女人那里获得满足，你还有什么办法可以填补这种空虚？”我问道。

“我不知道。”威尔回答。

“也许我们可以让自己的生活变得更有趣？”约翰问。

“我想，我们可以爱自己。”安东尼说，“精神疗法适合我。”

“是的，要感恩。要懂得欣赏自己。”约翰说。

“那么，给予别人爱，这个方法怎么样？”我问。

“就像我们一样，我们给彼此支持，也从彼此身上获得支持，就像这样，”安东尼说，“放下批评，放下竞争，彼此相亲相爱，接受彼此本来的样子，彼此惺惺相惜。”

我知道，安东尼在慢慢学着做他最需要做的事：拥抱自己，接受自己。

提到逐渐得到的经验教训，我自己的经历就是一个很好的案例。不久前，拉米到了纽约，我们一起出去吃晚饭。但很快，我发现他故态复萌了，他居然又开始跟给我们点餐的女服务员调情。

我真是受够他了。我跟他分了手，之后他去了摩洛哥。虽然是我提出的分手，但我真的很难接受分手的事实。几周过后，我仍无心工作，回到家就躺在枕头堆上，一个人闷闷不乐。有时候我会一遍遍地弹奏莎拉·麦克劳林一首悲伤的歌，并且大声地唱出声来。起初，我的室友们都没有抱怨，但一天下午，重复唱了很多次之后，当我准备重新开始的时候，她们冲了进来，手里拿着梳子当麦克风，嘴巴一张一合，做出在唱歌的样子。他们大笑着在地板上滚来滚去，假装很悲伤。不得不说，他们的样子很滑稽，但也只让我微微笑了一下，当他们都出去参加派对时，我并没有跟着去。

一天晚上，我的室友多琳带了个新朋友回来。她们闯进我的房间，多琳开始向她的朋友展示我的衣服。我跳了起来，头发乱糟糟的，开始大喊："出去！让这家伙滚出我的房间！"

那位可怜的朋友当时害怕极了，于是马上离开了公寓。多琳说："布兰迪，别这样。你应该去洗个澡，再换套衣服，我们要出门了。"

我很快换上了一件军绿色的背心和一条粉色的芭蕾舞短裙。

"你就穿这些？"多琳问。

我点了点头。

"你确定？"她温和地又问了一次。

"是的。"我想让自己看起来尽可能的狂野。

多琳的朋友想去苏豪区的某个俱乐部，而我坚持去西村的某个酒吧。那天晚上，我遇到一个身材高大、肤色黝黑、样貌英俊的埃及小伙塔里克。我靠近了他。他一周前刚乘船来到美国，在他哥哥的比萨店里打工，25 岁，不会说英语。然后，我们很快开始用眼神和手势交流了起来。

我身边那些喜欢拉米的朋友起初还无法接受这一点。我记得多琳就问过："再告诉我一下，他叫什么名字？"

"哈立德。"

"什么？"

"哈立德。"

“好吧，我还是叫他比萨男好了。”

我带他逛遍了纽约。我们热情高涨。我兴高采烈，脸上一直挂着笑容。我真的了解他吗？我认为是的。我能够“感觉到”我们用眼神和手势在真正地交流。

当然，我跟这位不知是叫哈立德还是塔里克的男人的关系也没维持多久。几个月之后，拉米回来了，我很开心能再见到他。

凯西 |

我很爱她，但她让我压抑了自己

刚开始诊疗的时候，凯西充满怀疑。他打电话预约的时候，语气谨慎地问道："情感咨询究竟是什么？需要和女人在一起吗？"这家伙是在开玩笑吗？他一直在追问我的学历，还要求查看我所有的学历证书。第一次来咨询时，我就发现他很不自在。他没精打采地坐在沙发上，犹犹豫豫地告诉了我他为什么需要帮助。"我更喜欢看《花花公子》之类的男性杂志，而不喜欢跟女朋友亲密。"他说，"我究竟是怎么了？"他很不好意思地看着我，意在请求我帮他解决这个问题。

跟接待所有新患者时一样，我问了一些问题来确定他的心理状况，接着说明了治疗的目的。我能感觉到，凯西在根据我说话的语气判断我是不是优秀的倾听者，以此来确定他在我面前能不能坦诚，是否安全。我想多了解一下他看杂志或书时是什么感觉，他却一直跟我聊他的女朋友。

"我很爱我女朋友艾米。"凯西说，"我来这里绝对不是想抱怨我的感情生活有多糟。"凯西说，艾米来自上东区，是个有气质的淑女。某年夏天他们去格林威治村游玩，晚上大声地聊天、大笑，也就是那时，他对艾米怦然心动。“我们在一起时，我什么也不担心。”

说完艾米的事情之后，凯西也承认，坠入爱河后不过几个月的时间，他一闲下来就会独自坐在电脑前，看着那些对他毫无吸引力的性感女人的照片。但艾米跟那些女人不同，凯西说，她就像个漂亮的瓷娃娃。

他说：“艾米传统又保守，太没有趣味了。”

我的第一反应就是，凯西看起来就是很寻常的美国男人，三十多岁，穿着一件蓝色的旧衬衫和一条灰色的裤子，真不敢相信他会不喜欢保守的女人。讽刺的是，他这样我反而觉得更有意思了，因为我很高兴能有机会听一听那种每天早上上班路上都会看到的寻常男人的有趣故事。

凯西的情况让他很烦恼。“我感觉自己不是一个令人尊敬的绅士，而是个浪荡的花花公子。”

凯西告诉了我他更多的经历，我渐渐明白了他自我批评的缘由。他是常春藤盟校毕业的高才生，母亲是个女权主义者。他以自己是个开化的男人而自豪，因为他不像传统男人那样奉行男权主义，他提倡社会平等，不喜欢“物化女性”，他有一种近乎完美的正义感。所以，他对亲密关系的观念与他平常塑造的彬彬有礼的个人形象一旦有冲突，他就会不知所措。

凯西对自己的蔑视是很明显的。我对他的批评之语，根本比不上他对自己的负面评价对他影响大。然而，我发现，我并不想批评他。事实上，患者讲述经历带给我的恐惧感正在减弱。我已经接受了这样的观念，即所有亲密行为，无论怎样不正常，都是有理由可寻的，也是可以被理解的，我们不能马上将之视为病态。

“你就是在自责。”我说，“让我们从一个好的角度看待你现在的状态吧。”

“什么？我不明白这有什么好的。”

“嗯，你现在似乎将自己的欲望分成了几部分。你对艾米有感情，但你的欲望受到了压抑。也许你也渴望释放自己，你在努力自救。”

“那我为什么要看那些奇怪的东西？难道是出于本能？”

凯西问的这个问题很不错，可我也不知道答案。因为男人们普遍喜欢看一些成人网站上的内容，所以我们会误认为他们看那些内容是因为喜欢，误认为他们想要的就是这些内容里描述的那样，我们必须谨慎对待这种观念。

那些内容并没有揭示关于男人们不可救药的一些真相。

我告诉凯西，那些没有感情色彩的内容和现实中的相处差异很大，它们的推送者们希望通过展示这些存在潜在情感冲突的形象、描述增加利润。这些内容的制造者和推送者显然读过弗洛伊德的作品。

我的另一个女性朋友跟一位年轻的住院医生约会了几次，之后就同居了。她告诉我，起初他们很甜蜜，对彼此很有感觉，但有一次，他毫无征兆地冒出一句：“你就是个婊子！”

“听到这话，我惊诧万分，呆愣在当场。”她说。这句话出现得那么突然，与当时的场景非常不协调，也影响了她对那位约会对象的感情，所以虽然后来对方一直打电话约她，但她再也没有跟他出去过。

我想知道男人对女人这样说话的意义何在。这是一种展现亲密关系的行为，还是只是一场游戏，或者两者兼而有之？我认为我的伴侣对此不会有多么不同的看法和观念，但我也怀疑，我不在拉米身边时，他是否会沉迷于那些网站。毕竟，我们两个是异地恋，相隔的距离又那么远。

冲动之下，我打了个电话给他。“拉米，”我问，“我不在你身边时，你会看成人网站吗？”

“当然。”他毫不犹豫地回答。

哦，不！顿时，我心中涌起了很多不理性的念头，比如他背叛了我！他怎么能拥有我不知道的秘密！我怎么没有弄明白他心里的所有想法！一时间，我心神大乱，但很快，我又恢复了冷静，和他聊了几句，就挂了电话。

这之后，我去佛罗里达州他的住所那里过周末，那时我突然犯起了偏执的毛病：我冲进了拉米的房间，开始巡视起来，而后在一个抽屉里发现了一堆不太“友好”的 DVD 光盘。我怒火顿生，手里抓着光盘，跑过去质问他。我把这些摔在他面前的桌子上，他解释道：“这些都是尤西夫给我的。”尤西夫是拉米的一个朋友，已婚。我觉得尤西夫是个再庸俗不过的人，而他也总做让我恼火的事。拉米说：“我发誓，我从没看过这些光盘。”

“可你也没有扔掉它们。”

拉米没有回答，很快他就不再理会我了。

我可以分析出他为什么一直保存着那些光盘，但为了保持内心平静，我还是接受了他的这一行为。我告诉自己，他仍然需要我，我仍然是有价值的。

最近，我又接待了一位 24 岁的男性患者。他跟凯西一样，也对女朋友失去了兴趣。他说他很爱她，但是不想跟她亲热。他说他觉得自己很“肮脏”，希望“变得更好”再去见她。这么年轻的人能说出这番话还是显得非常成熟的。

我问凯西，他是否告诉过艾米自己的特殊嗜好。

“我知道她对那些不感兴趣。”

“所以你说过？”

“她肯定不喜欢。”

“那你没说过。”

凯西想避开这个问题。“我尝试过，我提出过一些建议，想让她不那么保守。”他说，“我真的很尊重她，很倾慕她。我不想冒犯她，我就是太尊重她了。”

“我不想让她不舒服。”凯西接着说。

“让她不舒服为什么不好？”

凯西的眼睛里透出了质疑的神色，似乎在问：这究竟是在讨论什么？我和他开始有了误解。

我只是想让凯西明白，他担心艾米的反应才是问题的症结之一。他太过担心她的看法，因而压抑了自己，转而迷上了成人网站。

只有摆脱了耻辱感，他才能将欲望的两个部分拼凑到一起。我希望他停止自我批评，这样我们才能真正开始探索他的问题。所以，我让他好好想一想他说的那些“没用的东西”究竟是什么意思?“我听说，每个人都对伴侣有幻想，而且也知道，让人兴奋的通常不是正义感，”我说，“奇怪的、另类的、不同寻常的行为才能让我们惊讶和困惑。但你最烦恼的好像是你希望你的欲念不代表真正的你——你担心你是真的想要那些‘没用的东西’。”

用网络取代真实的相处，人们的确可以缓解面对面接触时产生的焦虑感，不会遭到拒绝，不用付出情感。美女的照片也不会批评你，你不会感受到任何压力。而且她们总会很高兴地跟你在一起。

凯西的问题绝不只有这些。凯西必须知道，自己是个人，只要是人就肯定有欲望。我们必须弄清楚他的欲望究竟是什么，不然他会一直感到压抑、沮丧。我现在不想让他去告诉艾米什么，我只希望他明白，缺乏交流才是他产生问题的原因之一，他仍然需要多加努力。我想透过他的教养和心理防线，让他认识真实的自己。我想看看他是否有创造力，而这需要进行有意识的探索，而不是仅靠观察他的反应就能明白的。

凯西很困惑。“我发誓，跟我父母相处时我就没有这种控制欲的问题，我从未有过无力感。跟艾米在一起时我也觉得很安心，我就是喜欢看那些东西。”

老实说，男人们喜欢看柔弱的女人这一点让我实在受不了，尤其是我的那些很有社会意识的男性患者。也许我无须对他们进行深入分析，也许就是这么简单：强势有力的感觉让人觉得很舒服，而成人网站能给男人一种自己是主导者的感觉，他们乐于享受这种感觉。“但这可能是以女人为代价的。”我说。

"'以女人为代价'，哇，这样说听起来很自私。"凯西说，"男人控制女人后，其地位会得到巩固，的确是这样的。"

在我看来，这是一种让自己感觉良好的简单方法。我以前在某个男生宿舍看到过一大堆女性杂志，那之后我一直在思考，他们是在看这些杂志里的什么内容，他们为什么要一起看。我觉得这可能是男权主义的一种表现形式，自古以来，男人都是这样的。如果是这样，也许我可以试着改变一下他们这种观念，哪怕只有一个人被改变也好。凯西努力接受自己，看起来似乎心态很开放，而我也很欣慰他终于愿意去探索自己了。

我也不确定他究竟会发现什么，结果究竟会怎样，我也没有为他制订任何可行的计划。我只是相信，他和艾米一定有办法好好相处，他可以将他的爱情理念和他对艾米的爱融合起来。因为我只了解凯西的看法，所以我无法为艾米说什么，但在艾米面前，他显然是羞怯的那一方。在情感上，凯西没有建立足够的安全感，让他能在艾米面前展现自我，而成人网站能让他分神，让他暂时得到满足。这些感受让他不解，他不知道自己想要的究竟是什么。我希望终止这一恶性循环，让他将爱变得完整。

要让凯西接受真实的自己，我必须深思熟虑，小心翼翼。所以，我的观点是，在理解男人这件事上，非常重要的一点是理解其文化背景，因为文化背景从某些方面反映了人所处的社会环境。现在，男人在恋爱时都喜欢追求支配权、竞争力和权势。

凯西下一次来咨询时，我很快就发现了他的不一样。在我们抵达办公室之前，他就开始倾诉了。这跟以前那个克制的、自责的形象完全不同，就好像某个龙头被打开了一样，就好像他按下了“不管了”的按钮，决定让自己自由，决定脱下那层自我意识的死皮，释放有野性、有活力的灵魂。

“我明白了。”他欢快地说，他的语气很肯定，眼睛炯炯有神，一副很有自信的样子。“今天早上经过华盛顿广场时，我看到了一个女人。我欣赏她的一举一动。我转过身去，跟着她走了一段路，想象和一个真实的女人热烈地交往会是什么感觉。”

他情绪这么强烈让我有点不安，我调整了自己的坐姿，控制住自己的情绪，斜靠在沙发椅上，扭了一下自己的腰，这时，我发现他一直盯着我看。后来我才意识到，我是不是无意间在向他表现我自己——我本能地在回应他。

“你为什么和平时这么不一样？”我提了这个问题，将我们俩的注意力都拉了回来。

“我今天突然觉得，其实你是希望我找到内心柔软的那一面，这样，我才能更好地跟艾米相处。”

“不，我希望你找到真实的自己。偶尔冲动并不是件坏事，凯西，这代表你内心有激情。”

“我觉得，这就是我想要的，我就是这样想的！”

“我们应该为这种冲动而庆祝，这就是生命力。但接下来的问题是：你可以将这一面展现给艾米吗？”

“通常情况下，我做不到。但是……我觉得我已经准备好这么做了。”

虽然在最初的时候，凯西被艾米的浪漫主义做派吸引，但他现在已经对此厌倦了，是艾米的柔情和保守牵绊了他，而他也不敢将这种局面打破。今天，他表现出了正常的侵略性，不是那种只在幻想中存在的侵略性，而他也愿意接受它，享受它。

之后，凯西隔了几周没来，后来预约的时候，他问我能否与他深爱的艾米一起来，我当然答应了，因为我对他们很好奇。

一见到他们，我就明白了凯西为何痴心于艾米。艾米是个很有魅力的女人，她的一举一动优雅从容，就像芭蕾舞者一样，双肩骄傲地往后挺，头抬得很高，正好凸显她傲人的曲线。

艾米穿着一身时尚套装，价格不菲，做工精致。我这么说并不是奉承她，她的穿衣风格的确更受女性欢迎。她的头发经过精心的打理，修剪得整整齐齐，她看起来一点也不性感。面对艾米，你就像是在欣赏一栋干净整洁且很有格调的房子，但是坐在里面感觉并不舒服。

我带着热情的微笑迎接她，但她只是草率地跟我打了个招呼，这让我感觉有点失落，我已经准备好感受她的魅力了。他们走进我的办公室，坐下，我根本感受不到他们之间的爱意。他们两个各自坐在沙发的一头，凯西一副垂头丧气的样子，而艾米感觉很紧张，两人都默不作声。这样的状态让我无法想象凯西之前告诉过我的关于他们的故事。他们避免与对方有眼神接触，都只跟我说话。一开始，艾米就抱怨凯西有多么“糟糕”，也不知道她是在向我告状，还是在怪我没有让凯西好起来。她的语气充满批判的意味，让人觉得很紧张。她优雅的外表之下藏着一颗焦虑不安的心。

“他变了。”她带着轻蔑的口吻说，“我可以理解他在追求激情，但老实说，这让我感觉他只是想满足自己的欲望。这是他来你这里的理由吗？这些都是你让他做的吗？”

我没有回答，反而问道：“你对此有什么感觉？”

“我感觉遭到了背叛。”艾米说，“他怎么回事？和我好好相处还不够吗？”她的话表面上是对我说的，但其实是说给凯西听的。听到她的问题，凯西转移了视线。

“听起来，你感觉凯西不爱你了。”

“这与爱不爱无关。我感觉我被他利用了。”

“他追求激情可能是因为他爱你。”

“什么？这是他表达爱的方式？”她挖苦地问道。

“除了他近期少了对你富有激情的行为，你还有别的关于他不爱你的证据吗？”

“没有，这也是我困惑的地方。”

“你担心什么？”

“我担心这代表他不再爱我、不再关心我了。我认为他只想利用我。”

“这个理由很合理。”

艾米瞥了我一眼。

“他想点燃你的激情。或许这也是亲密关系的一种形式。”

艾米的恼怒让凯西心生内疚，这影响了他长期为之努力的对真实性的追求，所以凯西展现出一副落寞的神情。我真希望他能够开口帮帮我，但面对艾米的怒火，他缄默不言。

“你们两个讨论过激情的问题吗？”我问道。

“我们从不谈论这些。”艾米回答。

“为什么？”我继续追问。

“如果我们相爱，我们之间自然会有激情的火花。”艾米笃定地说。

我没有马上开口，任她表达自己要说的，最后我才对她说：“这个观点很荒唐，艾米。即便两个人深爱彼此，也不等于他们会一直富有激情。”他们都看着我，好像从没听说过这么荒谬的观点——至少他们根本不相信这一点。“如果你们缺乏沟通和交流，那你们就会对彼此产生很深的误解。凯西，你不要担心艾米的想法，将你的新观念告诉她，她并不知道这对你来说意味着什么。艾米，你要相信，这种改变并不意味着他不爱你了，你刚刚可认为你遭到了背叛。”

艾米慢慢地点头表示同意，凯西却只是坐在那里。

男人的生理需求可能引起女人的强烈反应，但我们并不总能明白这些需求是从何而来的。我们对被“利用”和被“物化”很敏感。对艾米这样的女人来说，这就像噩梦一样令她心生恐怖，即便是我这种一直相信爱情、将浪漫和倾慕当作对自己的赞赏及肯定的人，也是如此。

艾米保守单纯，某些对爱的出格的表现方式令她无法接受，让她觉得自己没有被对方爱慕。我不能责怪她，因为的确有很多男人在伤害女人，剥夺她们的权利，惩罚、贬低她们。

我提到这一点主要是想说，有些男人让女人深感害怕是有理由的。我认为，女人自由享受亲密关系的权利已经被剥夺了。停留在一个保守的区域内，人会觉得舒服、安全。但是，这种方式缺乏生命力，缺乏活力和激情。双方始终觉得压抑，而这会令人担心自己没有得到足够的爱。对艾米和凯西来说，亲密关系并不顺利，因为这段关系没有创新性，他们无法自由表达自己的欲望。

当一种情感需求与一种生理需求共同出现时，难免会有一方的需求无法被满足，那么遭到拒绝的人就会非常难过，难过的程度因人而异。

我还有一位即将结婚的患者，他曾这样告诉我："如果我必须为了一个女人而放弃其他女人，那么我们的亲密关系最好完美无缺。"

这简直是把所有的压力都强加给了女人！但说真的，男人们总是会因这两种观念挣扎：到底是选择自由地跟许多女人交往，还是选择从一而终的夫妻生活？但这不是一场谁胜谁负的争斗，这更像一场永无休止的比赛：一种欲望刚刚领先了一点点，另一种欲望就紧随其后。虽然爱和陪伴的欲望可能略胜一筹，但男人们仍然会觉得这是他们的权利，因为他们觉得自己才是做选择的人，在他们看来，这是一种宽宏大度的选择，最好要选得对、选得值。

对男人来说，这种观念是错误的。当他们因恐惧做出"一选或多选"的抉择时，他们注定要失败。凯西跟女友很相爱，然而他心底的想法却是，他已经放弃了另一种选择，所以女友最好开放一点。他注定会失望，因为他的这种期待是苛刻的、不理智的。

许多男人都担心，一旦选择了婚姻，就失去了搭讪其他女人的机会，所以他们迷失在一种可怕的婚姻灾难里：末日婚姻。他们将这种婚姻模式视为“末日”，在这样的婚姻里，他们没有激情，没有救赎者，他们是被抛弃的一群人。而与此同时，很多单身男人都还渴望拥有这样的婚姻。

这种担忧别有深意，这意味着男人失去了他们的活力。

我认为，从本质上而言，这句话是没错的，而且它的确是关乎生存的事。激情能体现人的活力和创造力。男人担心陷入没有激情的婚姻之中，并不是因为他们是生理欲望过剩的生物。这种担心并不像我的某些同行认为的那样，只是担心死了“无后”。事实上，婚姻中没有激情是精神和希望的真正消亡。

我从许多男性患者那里了解到上述内容，这可能会让艾米很吃惊，因为这也令我很惊讶：接受情感治疗时他们经常谈论的话题是爱，而不是身体的躁动。

然而，这一点可能很难被察觉，因为他们对爱的认知通常跟那些看起来与之相反的冲动相关，如侵害和恐惧。这令此类男人感到困惑和惊恐。他们担心自己将失去权力和控制感。有的人的想法会发生改变：我讨厌这种的对赞赏的急切需要；我觉得我要依靠她，我讨厌这种感觉；我讨厌她比我强势；对她来说我足够好吗……有的人会产生受虐心理：我想要受她控制，听命于她，这会让我感到安心。

在我看来，反直觉的方法会更有效。不要预设男人和女人完全不一样。如果男人和女人能够认识到自己内心对“另一半”有所期待，那他们就会一起去探索理想的亲密关系。

在艰难的双人咨询之后，我认为艾米很快会再度光临——事实也验证了我的这一猜测。她想要单独见我，她对自己很失望，且无法摆脱这种想法。“我曾以为我是个完美的女朋友，”她说，“但现在我不这么想了。”

“艾米，你仍然排斥你在网上看到的东西，也许有一种方法能让你不再觉得自己被贬低，从而尽情享受亲密关系。”

“这可能吗？我要怎么做？”艾米想知道她应该怎么做。

“就是重新考虑这件事，”我轻声说，“但在此之前请回答我，你相信凯西是爱你的吗？”

“是的，我认为是的。我的意思是，如果不是因为……”

我打断了她的话：“那么，就是这样。”

“好的。”

“那首先，你不要再用他是否‘尊重’你来确认自己是否被他所爱。因为你知道，他是爱你的。”

“我想，是的。”

艾米看起来仍然很困惑。“我的意思是，忘记男人想要什么。你要知道，无论凯西想要什么，他都不是在利用你，他爱你，并且非常尊重你。”

艾米再次请求单独来见我，在征得了凯西的同意之后，我答应了。

几周过去了，我愈发了解艾米了。她 38 岁，在上东区的一家出租公寓里住了 15 年。她在得克萨斯的达拉斯获得了商务学位，而后突然决定搬到曼哈顿，进入时装业。她的父母并不赞同这一决定，但对她来说，这显然是一个转折点。艾米开始为不同的产品做设计，事业小有所成。跟我的第一印象不同，她是个很开朗的女子，总是尝试将服装和各种前卫的、新颖的配饰搭配在一起来审视。每次她走进办公室，我都要花时间去欣赏她给我带来的视觉冲击，我们会用珍贵的诊疗咨询时间夸赞彼此的着装有多漂亮。我很容易将她当成我的闺密，所以我不得不时刻提醒自己，她是我的患者。

艾米在心理学上的悟性很高，而且看过很多相关书籍。凯西曾开玩笑说，虽然她可以提出很多明智的建议，却从不按那些建议行事。

艾米是个注重外表的人，但这样做并非为了吸引男人，她不想因为“低俗”的亲密关系而使自己变得平庸。艾米确实有一点性感。我的任务是教她突破她给自己和凯西设置的“屏障”，教她做一个有激情的女人。我认为，既然我们有能力压抑自己，那我们也就有能力变得更强。如果这是观念的问题，那意味着我们可以做出选择。我们可以学着对任何人和事表达自己的渴望。

艾米可能很难接受这一点，但我决定从最基本的行动开始：激发她的活力。这种能力我们都有，它像一股席卷一切的大潮。有时候我们需要放松自己才能有所感受，但通常我们需要用心去体会和感知，比如通过动人的音乐、柔软的织物、闪烁的烛光和优美的诗歌。除此之外，我们还要学会用一种技巧来调适生命力，放下自尊，尽情享受感官刺激，像美食家或艺术家那样，培养一种从一切事物中都能发现美的能力。从艾米的角度来说，她需要的就是从一切事物中发现性感的能力，比如从摩洛哥沙丘起伏的线条、法式餐馆里跟友人的聚会、加拿大蒙特利尔的太阳马戏团、泥泞的河岸、破旧的爵士酒吧和新奥尔良的墓地中发现性感的元素。炎热夏日晚间的墨西哥湾，海水温度高达 30℃；纽约的俱乐部，一大群互不相识的拉丁舞者伴着音乐翩翩起舞，热闹非凡，你完全沉浸其中，直到音乐结束，舞者离场，你才头晕目眩地离开，脸上带着微笑，头发一团糟，这些也很性感。

在现实中，我们太过急功近利，很容易忽视自己的生理感受。我试图告诉艾米该怎样关注自己的生理感受：不是通过头脑或是任何抽象的方式，而是出于本能。

我从办公桌的抽屉里取出半筒手工制作的黑巧克力，它们由肉桂和红辣椒调味。"按我说的做。"我说着，递给艾米一块，让她尝试一下，"闭上眼睛，深呼吸，然后咬一口巧克力。不要咀嚼，就含在嘴里，细细品尝它的滋味。用你的舌头把它抵在上颚，你能尝到辣椒味吗？然后吞下巧克力，仔细回味它的味道，留意肉桂的味道是怎么出现的。闻一闻肉桂的香味，然后让你身体的每一部分都充满活力，仔细体会这种愉悦感。"

艾米按我说的做了。"现在，认真听我说。深吸一口气，然后轻轻呼出。放松身心，感受这种感觉，再来一次。现在，在心里告诉自己：'我有权感受到愉悦感，我有权感受到愉悦感。'"

"留意一下，看看你是否想到了某些场景。让自己沉浸在你体验到愉悦感的场景里。"

艾米加快了呼吸频率。

“然后重复这句话：‘我是性感的。’想象自己接受并享受激情的样子，想象自己接受并享受愉悦感的样子。关注那究竟是什么感觉。好的，睁开眼睛。”

艾米的眼里泛起了眼泪。

“感觉怎么样？”我问道，脸上露出鼓励的微笑。

“我忘记了我曾对凯西多么生气。真不敢相信，其实我一直都在思考我想要的样子。”她说。

“很好。我希望你觉得自己有能力，而不是觉得自己受到了威胁。”

为了减少艾米对凯西享受愉悦的权利的怨恨，我想让她建立自己的权利意识，而第一步就是让她拥有享受愉悦的权利。如果她接受了这种愉悦感，那么她给予凯西愉悦感时就不会再觉得受到威胁了。

凯西仍然会单独来咨询。虽然他明白自己有权拥有激情，但他还有任务没有完成——将自己的念头告诉艾米，不再害怕被她拒绝。

我问他，为什么艾米的认可比他自己的需求更重要。在爱情中，我们并不总需要获得伴侣的许可和赞同。有时候我们的意见虽不一致，但我们仍然爱着彼此。

亲密关系的界限是敏感而脆弱的。伴侣说“真恶心”或“这样真奇怪，真令人反胃”之类的话时，我们往往会特别敏感。但我们愿意接受这样的批评，因为我们知道要想诚实地对待伴侣，就必须把自己的想法和感受告诉对方。

诊疗时，我不仅问患者“你想要什么”，还会告诉他们，要表现出最真实的自己。我相信我们首先要尊重自己，即便遭到了批评，我们也应该坚持做自己，否则就是自欺欺人。谎言和伪装总会被揭穿。

凯西和艾米都走了极端：艾米注重爱的表达方式，而凯西则流连于成人网站。表面上看，二者是完全不同的，但他们的共同之处在于，他们都受到了社会约束。我一直试图让他们明白那些复杂的社会教条、个人信仰和情感意义，让他们明白自己的真正需求。我需要单独问诊艾米，这样她就不会对凯西的癖好有那么大的反应，而凯西也不用呆坐在那里一声不吭。我可以让她关注自己和自己的内心，而不去想凯西有多讨厌。我也要小心翼翼地进行调解，以便让他们都得到成长，更加成熟。而我的最终目标是通过近一年的问诊咨询，让他们了解自己内心的感受和需求，学会与彼此好好相处。

“你和凯西的关系有所改善了吗？”再一次会面的时候，我问艾米。

“有一些。跟凯西在一起时，我也会主动了。以前我从没有这样做过，我一直都是等他主动。”

“那凯西对此有什么反应？”

“他很喜欢我这样。而且我发现，过去这两周，他对我更深情了。”

凯西之前告诉了我他对艾米的改变有何反应，他说这让他更爱她了。“你做得真不错，艾米。你的进步也令你自己感到高兴。”我说。

“的确如此。”

第一次问诊时凯西极力夸赞艾米，现在，艾米变得越来越有风范了。她很乐观、很积极，对生活很投入，我很喜欢她。

艾米选择投入更多时间和精力去完善自己的爱情幻想，这让她有了更多的活力和主动意识。凯西的反应只是艾米努力后获得的积极效果之一。凯西觉得艾米更加热情了。

双方努力的另一大显著效果是：凯西不再看那些成人网站了。

马克 |

过去的经历带来了分裂的感情渴求

我发现自己愈发享受给男人做心理治疗的过程了。只不过，问诊治疗了一些人以后，我总感觉自己很没用。我总结了问诊过程中患者说过的话，最常见的是："好的，我明白了。我的问题都解决了。"然而，他的身体还是会出卖他，他会做出与他的表态相反的神情和动作。我能看到他下巴紧绷，膝盖颤抖，眉头紧皱。我知道坐在对面沙发椅上的男人正感觉和经历着什么，他却一直努力控制着，他的身体因为某种出乎意料的刺激而做出了反应。有时候，他们虽然想告诉我他们有多么优秀，但其面部表情很苦恼。他们好像在用力吹气球。显然，如果你捏住了气球的口子，空气就会被锁在里面。这时候，我就得停止治疗，要问一问他们产生了什么感受，更重要的是，让他们把这种感受告诉我。

问诊的特性与男人对男子气概的观念相冲突，所以，一旦冲突加剧，我就会先停下来，然后问一个重要的问题："做一个男人有什么意义？"此时问这个问题可能不合适，因为我不是男人，无法给出答案。然而，作为一个帮患者重新定义男子气概的心理医生，我将自己视作男性学家。我会观察患者们的言行，做相应的笔记，记录不正常的行为，并将男人分类。

我问他们为什么不表露自己的感情，他们通常会这样回答："这种行为是脆弱的。"我想，他们大概都想成为超人吧。但有一个男人明显是个例外，他是贝尔斯登公司的年轻高管。他面无表情地走进我的办公室，用机器人一般的腔调说："我想学习感受情绪，你能教教我吗？我希望你能让我哭。"

大部分男人会捍卫自己坚毅的形象。上文介绍的戴维曾说："你想对我做什么？女人不喜欢好男人。"上文介绍的保罗也说："我不想表现得太深情，男人不应该让女人知道他有多爱她。"

当我告诉他们应该表露自己的感情时，有的人会觉得我"疯"了，居然要求他们表现得没有男子气概。有个患者曾这样对我吼道："你这是让我像女人一样说话！"对此，我回复道："表达自己的感情有什么要紧的？这是很正常的事情，这是每个人都要经历的，这是你自己的成长信息。"我知道有些男人会忽略这种观念，因为女人天然更重视感受。但他们心里也明白，我说得没错。即便如此，我也明白，男人参与的许多竞争，如体育比赛、商业竞争等，都不能分享情感。我知道，士兵不会说"嘿，中士，你的话伤了我的感情"。但接受心理治疗的人谈到自己的个人情感时完全可以将厚厚的"防弹衣"脱掉，袒露自己的情绪，不用那么坚强。

这种脆弱并不只适用于悲伤的情况，通常，有不安全感、恐惧感，或感受到爱的时候，也可以有这种脆弱。有些男人会抑制自己表达爱意，因为他们担心这样会显得自己很懦弱。在日常生活中拒绝表露感情，男人就会将自己未表达的情感和未满足的需求通过生理反应表达出来。所以，这些男人就是在通过生理反应找寻自己的男子气概，而不是通过生理反应表现自己的男子气概。

说实话，男人们之所以害怕表达情感，一部分原因是害怕表达情感会产生的后果。他们担心表达了情感之后会失去女人的尊重，更害怕这样会导致情感关系破裂。这种可能性的确存在，尤其是在牵扯到亲密行为时。最近，我跟我的一些朋友聊到了我们喜欢的男性形象，大家给出的答案五花八门，但没有人喜欢心灵导师埃克哈特·托利那样的男人。一位长相甜美的闺密告诉我："有时候我真希望自己能粗野一点、侵略性强一点。"

我认为，女人很欣赏男子气概，她们希望感受到男人强健的身体和强大的心理素质。如果男人总想取悦女人，因为太在意自己的表现而变得焦虑，那他们就会对女人很顺从，他们会问这样的问题："这样行不行？""你想让我怎么做？""我伤到你了吗？"

这听起来可不像是知道自己在干什么的男人说出来的。男人这样问，就是在女人不想要掌控权的时候给予她掌控权。

由于缺乏自信，许多女人都想找一个有掌控力的男人，但最终，她们找到的都是只知索取、不知回报、总是剥削，甚至伤害她们的男人，这当然不是女人想要的男子气概。

我认识的一个男人曾告诉我，世上有两类男人，一类像角斗士，一类像园丁。他说，要不你会遇上在床上很强悍，工作上很能干，但在日常生活中不常陪伴你的伴侣；要不你会遇到一个多愁善感的男人，他会替你梳头，在你经期感到不快的时候对你嘘寒问暖，但在床上的表现不怎么样。

我个人不想要这两种类型的男人。角斗士自然强壮有力，但毁坏性也很强；园丁温柔多情，却虚弱无力，动作迟缓。如果能将两者的优点结合起来，你就会得到一个刚中带柔、柔中透刚的男人。我知道，一般来说（虽然这些属性表现得并不是那么泾渭分明），有决断力、负责任、知道自己要做什么、有男子气概、能够自然表达自己的男人，的确更受女人欢迎。女人爱的是那种既富有激情，也有细腻情感的男人。

所以，我提出“做一个男人有什么意义”这个问题，是想让我的患者们尽情表达自己的感情。虽然我很难开导其中的某些人，但最后他们还是真的开始表达感情了，他们只是表现得似乎需要获得某些许可。没有什么比那种看起来铁石心肠的人告诉我他觉得他“对自己更深情”或他感觉有点悲伤更令我开心的了。我会跟他说：“这很棒，祝贺你。你现在是一个真实的人了。你能够感受、能够去爱了，没必要过多地担心什么。”

马克是一位令我难忘的患者。他从中西部地区来到纽约，为人和善，我很快就喜欢上了他。也许是因为他随和的个性，也许是因为他洒脱的微笑，也许是因为他脸上的点点雀斑，所以虽然他已经30多岁了，但看起来仍然像个孩子。他是个单身汉，在某广告公司的创意部门工作。第一次来咨询时，他只是跟我闲聊，聊纽约的复杂多变，聊他正在读的流行小说。我注意到，他说的内容已经偏离了问诊的主题。

当我提到他来咨询的原因——功能障碍时，他打断了我的话，突然说这其实另有隐情。

“就是那个……那个，我是想要开始一段感情，但如果我告诉对方我真实的样子，她们根本不会给我任何机会。”我等待着他的下文，不想打断他。马克似乎非常想说实话，但他非常担心。我无法想象他藏着什么秘密。

“没关系，”我说，“这里很安全，你可以放心说。”

马克立刻就说了：“我是个虐待狂。”我很难理解他说的话。我看着这个彼得·潘式的男人坐在我面前，不安地摆弄着他的书包。他身穿彩色的运动 T 恤和运动鞋，就像在说：“我不是企业家，也不用坐办公室，所以不必打扮得那么成熟。”他看上去完全不是那种很强势、喜欢虐待别人的人。

我了解到，马克想要支配一个他认为地位比他低、没有掌控欲也没有选择权的女人，这一动机跟前面几章提到的那些男人有所不同。

“但在其他女人面前，我会害羞，不敢跟她们打交道。”他说着，露出一副羞怯的模样。

我被这个矛盾的人迷住了，他真是太值得深究了，可能你隔壁的邻居也是这样的，可能你某个很少跟人交际的同事也是这样的，可能你某次约会的男人也是这样的。我知道，跟我相处也会令他不舒服，他也很犹豫应不应该把他的事告诉我，所以我决定采取不批判且直接的态度。

“看着和你相处的女人痛苦，有什么好处？”

“能让她顺从我。”

“你对此有什么感受？”

“我觉得很自信，有掌控感，觉得自己很强势。”

这种反转很有趣。我怀疑他是不是想将自己内心的恐惧感转嫁给她们，认为只要控制了她们，他就能够战胜这种恐惧感。

这一点虽然很有趣，但我还是决定先不深入探讨这个问题。“好的，我们了解了一些你在女人身边时的样子，现在来看看这是不是跟你的情感经历……”

“在日常生活中，我觉得我是个敏感且浪漫的人，但觉得女人令人惊恐。”他说着，露出了难堪的神情。

“怎么令人惊恐了？”

“她们很难取悦。我的前女友朱蒂就很跋扈。我为她做了很多事，但她一点也不感激我。我为她做得越多，她就越专横。”

“你为她做过什么事？”

听到这个问题，他翻了翻白眼，好像在说，我什么没做过？“举个例子，她有只宠物，名叫鲁迪，是只吉娃娃狗。它总是到处撒尿。朱蒂给它用了她最大号的卫生巾，用一条粉色的头绳系好。有一次，鲁迪就这样跑了出去，而朱蒂则叫我去追它。我一直跑过了休斯敦大街。”

听到这里，我忍不住大笑了起来。

“看，我就知道会逗乐你。”马克先说了这句话，好像知道我不赞成这种行为一样。“工作时我也会做出这样的行为。我的老板是个精力旺盛的人，我每天要工作很长时间，她常给我安排额外的工作任务，但我从没抱怨过。我就像《动物农场》里的马，总想讨老板欢心。”

我现在大致了解了马克生活中的两个方面，可能有更多方面我还不知道，但它们是怎么混杂到一起的？“你虐待过朱蒂吗？”我问，“她知不知道……”

马克打断了我的话。“她丝毫不知道我有那种倾向。我不想让她觉得反感。”

这也是一种很常见的抑制情感的方式，我的患者们通常会对此心生憎恨，因为他们狭隘地认为，这就是女人认为好的或可接受的方式。

“你认为这种方式怎么样？”

“事实上，还不错。”马克很勉强地说，“但我确实有功能障碍。”

这才是他来问诊的理由。在我看来，这样可不是“还不错”。有了这个开端，我就可以去探究马克功能障碍产生的原因了，但首先我还是想探究一下他分裂的生活。“所以你将自己内心大部分想法都隐藏起来了？”

尽管有时马克觉得很无力，但我总觉得还有什么地方不对劲。

“如果朱蒂愿意配合你呢？”

“她对此持批评的态度，而我不想惹她生气。”

“朱蒂生气的时候，你感觉如何？”

“她会恼怒，会骂我，然后不跟我说话。”他说着，想要终止这个话题，“所以我总是避免惹恼她。”我发现，马克说这些话的时候咬紧了下嘴唇。

“我感觉你有些怨恨的情绪。”

“哦，没有，没有，没有，一点儿也没有。”

他这番回应让我开始反驳他：“哦，这么说你喜欢自我牺牲？”

突然间，马克沉默了。

“听起来，在你们的关系中，朱蒂才是主导者。”我更尖锐地刺激他。

“嗯，我并不自私。”他为自己辩解道，“我因辛勤劳作和慷慨施予而感到骄傲。我总是认为，这些是非常重要的行事原则。我对人对事都是公平公正的……”

马克继续宣扬着服务他人的高尚理念，我觉得这让他感觉自己比他人更优越。虽然我不知道他在回避什么，但我从他说的这些内容里可以知道，他在极力回避某种情绪。也许他微笑的背后隐藏着怒火。我可以想象，他外表虽然彬彬有礼，但内心可能恨不得与某人撕破脸。

分别后，我发现虽然我有点恼怒，但奇怪的是，我很享受给马克做诊疗分析的过程，马克引起了我的兴趣，他为人热情风趣，待人温和有礼，看起来是个典型的“好好先生”。讽刺的是，这可能是他问题的一部分，也是他功能障碍的原因之一。占有一个女人意味着要侵犯她，马克之所以有这种思想，也许是因为他在下意识地跟现实中让他陷入被动的侵犯行为抗争。

关注马克的被动局面让我想起了与一个朋友散步时她告诉我的话。那时，她刚开始跟新男友约会，她一直都很开心，似乎生活将一直这么美好。她的男友看起来是个完美的伴侣：长相英俊，事业成功，人机灵、有趣、彬彬有礼，等等。但也有一个缺点，就是他非常优柔寡断。她说，就连确定约会时间的过程都很烦琐。

“他会问我喜欢吃什么，喜欢去什么餐馆，我最喜欢城里的哪个地方，然后他还要问我什么时候最合适，尽管我已经告诉他一整晚我都有空陪他。”

“他为什么就不能说‘我在这家餐馆预订了位置，晚上八点我来接你’？”她抱怨道，“一切他说了算！”

拉米有时候也这样。“有一次，我和拉米在下东区找餐馆吃饭。”我告诉我朋友，“他一直说‘你决定就好’，而我想，他要是再这样说，我就大声尖叫。于是我说，‘拉米，告诉我你想怎样’。他却说‘我无所谓，你决定就好’。”

“那你是怎样做的？”我的朋友问。

“我就按刚刚那个想法那样做了，我大声叫道‘现在就做决定，不然我就把你丢在大街上’，然后转身欲离开。”

“那他呢？”

“他拽住了我的胳膊，带我去了附近一家墨西哥餐馆。虽然我不喜欢里面的食物，但我很开心。”

某个周末，我要去看拉米，我搭乘出租车去机场。我坐在后座上，透过司机座位后的树脂玻璃去看司机的执照，看到他的名字后，我就开始跟他搭话。

“嘿，先生，你结婚了吗？”

“结了。”

“那在家里你和你妻子谁占主导地位？”

他大笑着说：“我妻子掌管一切，她是女领导。”

“女领导？这是什么意思？”

“直译就是拿着号角的女人，我们是这样称呼主宰男人的女人的。”

“那这是个褒义词还是贬义词？”

“哦，贬义，这个词可不怎么好。”

“很好！继续说说，为什么让女人做主宰那么糟糕呢？”我质问道。

“谁都不能一直做掌控者。”他说。

对我来说，成为女领导没那么糟糕。但是，我希望我的伴侣能做主导者。能量此消彼长，双方都能够控制自己的力量，这场战役本身只是为了创造激情。

在接下来的问诊咨询中，马克缩在沙发的角落里，将一个靠枕放在膝头，没有像以往那样漫无目的地谈天说地，而是很期待地看着我，什么都不说。但我只是朝他微笑，什么都没说。我发现，马克的被动状态激发了我的掌控欲，我们的交流形成了这样的模式：他越是听话，我就越主动。我能确定，他跟别人相处时也是这样的。我认为，我们需要探讨一下这一点，因此我故意扮演了被动的角色。我能感觉到他沉默之下不安的内心，但我就是一直不说话，我们一会儿看看别的地方，一会儿又把目光投射到对方身上。

“你知道你办公桌右边的墙上有个洞吗？”他问。

“嗯。”我回应道，但根本没有移开视线去看那个洞。

“你今天话很少，医生。”

“我在等你先开始呀。”我说。

“难道不是你先开始吗？毕竟，你是在工作。”

“你希望由我来决定我们聊天的主题吗？”

“我难道不是因为我的问题才来见你的吗？”他说着，露出一个紧张的微笑。

“你难道是付钱请人教你怎样做吗？”

“我不知道今天要说点什么好。”

“好吧，我可以等。”说着，我一只手搭在膝头，另一只手随意地摆弄着一缕头发，但眼睛一直没离开马克。

“真不明白我来这里是做什么的。”终于，马克说着，生气地拽过背包，一副要离开的样子。

“看起来，你是生我的气了。”我故意说出这句话。

“坐在这里只是看着彼此，这对我一点用也没有。”他咆哮道。

“嗯，你为自己花了一大笔钱，”我说，“所以我认为，要主动的应该是你。”

“我不知道该怎么办。”他说。

“我明白，”我对马克说，“过去，你认识的女人总是告诉你该怎么做，我想你并不喜欢那样。”

“没错。”

“那你现在为什么要我来告诉你该怎么做呢？你难道不知道，你是因为我没有指导你而生气的吗？从某种程度而言，你想要别人做领导者。那如果让我先开始，我就要了解一下，你想从我这里知道什么。”

这次问诊咨询让我很不舒服，因为我讨厌这种沉默和死寂，这让我担心自己没能力帮他解决问题，让我觉得我需要说点什么或做点什么。当然，我也不想让患者生我的气，但这种方式通常很管用。

我让马克思考我提出的问题，同时，我也怀疑，他这种想要别人给出指引并负责任的想法或许跟童年时期的某段经历有关。我询问了他，这像是给了他指引和方向。他说，12 岁那年，他父亲因心脏病发作去世，他的母亲悲伤过度，患上了抑郁症，不能出去工作，更别提照顾两个孩子了。

马克是长子，他能感受到母亲的悲伤，也不想再惹恼她。“我只希望她快乐。”他说。为此，他承担起了养家的责任，还尽心照顾弟弟，确保他不会让母亲心烦。如果弟弟惹恼了母亲，马克会惩罚他。“有时候我还会因此生气。”

“所以，你扮演着好孩子的角色？”我谨慎地挑选用词，提出这个问题。

“是的。”

“那你叛逆过吗？”

“没有，我不能那样做。我的职责就是让母亲开心，我不能不听她的话，不能反对她。”

“如果你不听话会怎样？”

“她会心碎、焦虑，那令我无法忍受，我会有罪恶感。所以，我一直扮演好孩子的角色，试图让母亲以此为傲。我弟弟就很叛逆，我会因此而讨厌他。”

“看起来，跟女人相处的时候，你也在扮演这样一个好孩子的角色。”

“是的，跟我前女友在一起时，我是这样；在工作中，我也是这样。”

“你为此付出了什么代价？”

“你这话是什么意思？”

“你扮演这个角色之后变成了什么样子？你怎么了？”

“我没有为自己而活。”他说，“我……我让女人控制了。”

马克说得没错。“你不愿意不听话，不愿意生气，不愿意乱来。”

棘手的是，传统的治疗方式不能解决马克的问题，因为问题的根源与情感无关。马克的童年遭遇让他的人格发生了分裂。他过度地想要负责任，而想要独立的欲望却潜伏在暗处，只能通过暴力行为表现。他用幻想填补了现实的缺失，却也阻碍了他发现自己在情感关系中真正想要的东西。

我的目标是帮他将自己的世界拼凑完整，所以我不需要去探究他的亲密行为，而要帮他处理对母亲的恼怒感，也许这样才能让他找到更能让自己充满力量的办法。

如果某个女人跟他没什么关系，马克就愿意去要求她按他想要的去做，而在跟女朋友相处的时候，他总想让女朋友开心，罔顾自己的需求。一旦喜欢上一个女人，他就会按他与母亲的相处模式与之相处。我认为，他这样表达恼怒是不对的。

“所以，在亲密关系中，当你得不到你想要的东西时，你不会向你的伴侣要，而是责怪她、生她的气。”

“绝大多数情况下，我甚至都不知道我在生气。我只是有些恼怒和沮丧。我从不让我的女朋友知道我的情绪，就像对朱蒂那样，我觉得我想跟她分手。那是两年前的事了，我现在仍然对此有罪恶感，她看起来很伤心，显然，她仍爱着我。”马克停顿了一下，然后问，“我为什么会那样做？”

“你需要空间，因为你不能做自己。你在压抑怒火和其他自发的情感，这让你很容易恼怒、沮丧。”

“也许这就是为什么分手之后我感觉如此轻松吧。我根本没有心碎的感觉，却从未摆脱负罪感。”

“现在我知道你为什么很难生气了，罪恶感是让你无法生气的原因，你仍然在保护你心碎的母亲。”

马克突然想到了什么，给我讲了他的一个故事。“母亲总会坐在厨房的桌子旁，什么也不说，就盯着一堆钱。有一次，我弟弟骑自行车时摔了一跤，脸上划了一道很深的伤口。我母亲看到了，就开始哭，然后她生气了，把他拽了过去，露出一副万般无力的神情，不断地抱怨着。我当时感到恐慌，在努力说服她，但我永远忘不了那一幕。”

马克认为自己有责任让母亲的情绪稳定下来，母亲的哀怨对他来说是无法承受的负担。

“谁是你的依靠？”我问。

马克耸了耸肩，说：“我没有依靠。我觉得只要我做好了我应该做的，她就会开心。我打扫家里，照顾弟弟，她就不哭了，就会微笑，然后一切就好了，我也得到了安宁。”

“你做的一切都是为了让她开心。这是不是意味着，你不太顾及自己的感受？”

我确信，马克被动状态背后隐藏的怒火就是解决他问题的关键。到这里，我们的问诊已经让他打开了心门，他的思维模式发生了改变，他也因此获得了力量。人们总认为，恼怒是一种消极的情绪，我们总在想方设法地避开它，但恼怒是我最喜欢的一种情绪，因为深入挖掘这种情绪，就能发现它是每个人自我的重要展现形式。这种情绪的出现意味着我们的权利和界限被侵犯了，这些权利和界限本来应该得到尊重。马克的爱被母亲恼怒的情绪掩盖了，我必须让他认识到他内心对母亲的爱，以及他心中的自我意识。

我采用了格式塔心理疗法中的“空椅子”技巧，让他想象他母亲也坐在我的办公室里，我让他面对着她，告诉她，他十几岁时内心的真实感受。我坐在他身后，偶尔插嘴，给予他必要的回应。跟平常一样，我想增强他的情绪。“告诉她你恼火的原因。”我说。马克想了一会儿才开口，最初的几句话并没有达到预想的效果。“加油，告诉她你需要什么。”我催促道。

突然，他开口道：“我希望你不要再哭了，要像一个母亲那样坚强。”说这句话的时候，他有点犹豫，也许是想控制自己即将爆发的情绪，但显然已经到了失控的边缘。

“告诉她你还需要什么。”我轻声说。

“我希望你关心我，但你沉浸在悲伤的情绪里，你为什么不能控制自己的感情呢？”他大声喊道。

“你对她很恼火。”我说。

“我觉得我就像不存在一样。你忘记了我们，你的心不在我们身上。”他的脸涨得通红，身体颤抖不已地朝想象中母亲的方向靠过去，“我必须承担一切，必须像个父亲一样照顾家里。”马克攥紧了拳头，“我被困住了，真可气！”

虽然说我喜欢恼怒这种情绪，但坐在办公室里，看着他毫无顾忌地发泄心中的怒火，我真的有点害怕。他越是恼怒，我就越担心他失去控制。但从另一方面讲，他也需要发泄怒火，而我至少能尽量缩短他发火的时间。他需要一个足够坚强的女人来忍受他的情绪，现在这个人是我。

马克不停地喘着气，悲愤地说：“父亲死了……你也抛弃了我。”

马克的悲伤终于涌上心头，他双手遮着脸，转过身去，背对着我。我只看到他的双肩不停地抖动、听到了他的哭声。过了一会儿，我递给马克一个抱枕，让他控制一下自己的情绪。看着别人悲伤难过自己也很容易动情，我不想跟马克一起哭，但我也无法超然面对这种场景，我只是沉默着。

马克发泄了自己恼怒和悲伤的情绪，接下来的问题就是，他应该怎样应对：是克服自己心里的罪恶感、控制自己的悲伤和恼怒情绪，还是再次关闭心门、恢复以往的习惯呢？他能学会在乎自己的感受吗？他能抓住机会不再像以前那样压抑自己吗？

那天下午我还约见了一个患者，之后去布莱恩公园散步。我决定终止和拉米的关系。这一次我是真的想分手了，最后一次。我做好了心理准备，还有周密的计划和准备工作。

我回忆着几个月之前的某天晚上，我们关系闹僵之后，拉米招呼都没打就来了纽约，约我在东村的一家西班牙小餐厅里见面。他用一种“我就在附近喝酒”的态度，问我去不去跟他约会。我的心怦怦直跳，既有点兴奋，又有些焦虑，因为我很清楚，虽然他语气平和，但他是真的想见我，这意味着，他不想放弃我。

即便如此，我还是决定不再跟他在一起，只跟他聊聊天，一起吃顿饭，喝杯酒，仅此而已。但是，不过喝了半瓶酒，回忆了一下我们的过往，我们就又在一起了。他握住我的手，说：“亲爱的，你不需要工作，什么都不用担心。你学生时代欠的债，我会替你还，你的一切都由我负责。我们可以随心所欲地出去旅行。你可以写作，可以做任何能让你开心的事。”

好一番甜言蜜语呀！我觉得很幸福，我们的手握在了一起。我从没想过可以不用工作，可以这么快还清债务。我来自一个普通家庭，知道努力拼搏才有出路。事实上，我以前从未想到会过上拉米那样的生活，然而他的承诺却让我开始渴望这种被一个年长的、英俊的、亲切的男人照顾、疼惜的生活。和他在一起，我就能享受这种毫无负担的美好生活了。

“我希望你学习我的母语，万一我们还想待在我过去的圈子里呢。”他说。

现在，我脑子里涌现出各种各样的念头，但一心只想过我梦想中的自由生活。我想象着充满新鲜感的生活，想象着去所有我想去的地方的样子。我想去探索整个中东地区——突尼斯、黎巴嫩和约旦。是的，我会做一个旅行女作家，随时随地开始创意之旅，谁不想把握这样的机会？我想去巴西、坦桑尼亚和希腊。当时，我还非常想去墨西哥中部一个叫瓜纳华托的小城，那里以前是白银交易基地，以其美景和浪漫闻名。

我想过有异国情调的寻常生活，所以也许我可以与拉米继续这段关系。

“我们可以在佛罗里达州安家。”拉米说。

我感觉腹部的肌肉都绞在了一起，一阵阵抽搐。又是这样，这种话真让我觉得压力倍增。拉米也注意到了我脸上的表情。

“拉米，”我说，“你明知我不想住在佛罗里达州！”

拉米大笑着说：“不要着急，你不回家就好了。”

让我离开纽约？绝不！跟拉米相比，我可能更爱纽约，我不想在佛罗里达州安家，我不想离开我的朋友、放弃我的职业。我很开心、很满足。我知道，如果答应了拉米，我就会失去现在所有的一切。如果我答应了他，那我究竟是获得更多还是失去更多呢？

现在，我坐在公园里，想着前一晚我跟他吃晚饭时的情景。拉米坐在桌前，沉默地注视着我身后的某个地方。我跟他聊旅行，说时事，聊我的工作、他的生活。他没有表现出感兴趣的样子，我就像在跟萝卜说话。我猜测我是不是让他觉得厌烦了。他是不是知道了我要说的一切，所以一点也不配合我？我感觉，跟他在一起，我就像穿着一条很喜欢的旧裙子，除了质量还不错，很合身，一点也没有美感。

所有的闹剧似乎都造成了损失，我最大的担心也成真了——我们的激情正在消亡。此外，拉米现在看起来很紧张，一副心事重重的样子，因为他近来经济状况堪忧，自家的生意损失了许多钱。如果他直接告诉我这些，那情况可能会好一些，但这不是他的行事风格。拉米将自己封闭了起来，缩进了自己内心的“情况室”，独自咽下所有的问题。他就像寻常男人一样，不希望我看到他陷入困境的样子。在我面前，他的眼神飘忽不定，我觉得自己像个隐形人，丝毫引不起他的注意。以前每一次闹僵，最后我们都还能回到彼此的身边，这主要是因为我们对未来有同样的期许。每次和好之后，我们又会沉浸在对未来的美好期待里，但相处几个月之后，我们会再次清醒，一边吃着意大利面，一边想各自的心事。

我知道我应该放弃拉米。那天晚上，独自一人待在公寓里，我发现，失去梦想比失去男人更令我气馁。

我只需要思考一下，我能不能靠自己过上理想的生活。

这天，马克垂头丧气地走进了我的办公室。这跟他平常那种愉快的状态完全不一样。我问他发泄的感觉如何，他说：“我觉得很难，但说出内心真实的感受实在是太棒了。我现在工作时也能积极发言了，这真让人觉得轻松自在。”

“进步真大！”我为他感到自豪。过去的几个月来，马克已经能逐渐在生活各方面坚持自己的意见、行使自己的权利了。我想支持他这样做，我也是这样告诉他的。“现在我跟你打交道更轻松、更亲近了。这也能帮你处理其他的人际关系。”

“嗯，既然到了这里，我有件事想告诉你。”他说着，突然兴奋起来，“我对你动心了。”

“是吗？”我说。我有点脸红，但并不吃惊。我的确觉得，跟其他患者相比，我跟他的关系更加亲近，我们之间的对话也更加自然。我决定继续关注他，而不是关注我自己。

“跟我详细说说你的感觉。”

“我觉得你很懂我。”

我的肚子开始不由自主地抽搐起来。“听起来，这对你而言是一种新鲜的体验。有人想要了解你，你有什么感觉？”我问。

“我觉得从没有人这样关心过我、在乎过我。跟其他女人在一起时，我从没有过这种感受，跟我母亲相处时也没有。”

在马克看来，我是个坚强的女人，可以冷静地平息他的怒火。这是他母亲没有做到的，因为她一直沉浸在悲伤的情绪里。我想起一个老师说过的话：“要让患者感受到你内心的力量，你的力量本身就是对他们的干预，他们会本能地对它做出回应，这让他们觉得有安全感。”我为马克创造了一个这样的空间，在这里，他不必承担什么责任，他是一个自由的人。

“是的，我们这样的关系很重要。”我说，“有人能够真正了解你，这让你开心。而我无条件地接受了你，这正是你一直渴望和追寻的。”

我希望马克能够明白，这种动心其实是建立了理想的医患关系的表现，因为我真正了解并接受了他内心的自我。了解患者的渴求是我的工作，因此，工作中这种动情并不是因为我的某种特质。马克并不知道我在平常生活中是什么样子的，也不知道我的情感经历。

“我觉得，告诉你这些是很傻的行为。”他一边说一边移开了视线。我不喜欢看到他尴尬的样子。

“坦诚是需要勇气的，”我说，“我因此而尊重你。”

“真希望跟其他女人相处的时候我也能这样。”马克继续道，“这个周末，我跟我的同事们一起出去玩。我一直在跟一个女人聊天，是我先去搭讪她的，对我来说，这是一种全新的体验。她真的很聪明，也很有趣。我们整晚都在聊天，然后一起离开了酒吧。我们去了她住的公寓，在她房门前亲吻。她邀我进屋去，但我拒绝了。”

我感到一丝欣慰，因为他已经改变了跟异性的相处模式，这正是他需要的。我必须保持作为医生的本心，不让自己的第一反应控制自己。“重要的是，你现在可以主动跟别人交流了。但面对进一步的发展，你又开始焦虑了，现在我们就来处理这个问题。”

“我很喜欢她主动，我立刻喜欢上了她这一点。”

“为什么？”

“这让我觉得轻松，毫无压力。”

我告诉他，他需要面对这种压力，而不是避开它。

“好吧。但这时候，我突然开始对你有了好感。”马克突然说。

哦，不，怎么又回到我身上了？现在，无论如何，我都需要听一听他在想什么，然后站在医生的角度分析他的想法。

“好吧，跟我说说你都想了什么？”

“我不知道……”

“你明明想让我知道些什么。”我说着，有点泄气，也有点紧张。他会说什么呢？“你不需要说得多么详细，就告诉我，你在想什么事？”

“很温暖，非常柔情。”

“我希望你想一下，这种念头代表你生活中的哪种需要。”

“我有能力同时感受身心的感觉？”

让我高兴的是，马克终于实现了一次飞跃。这是真的进步。爱已经出现在了马克的幻想世界中，而他在日常生活中也更加坚定和自信了。有了自信，他也就不那么恼火了。房间里的氛围一下子轻松了许多。他的微笑背后再也没有怒火，马克现在更开心了。

离开的时候，马克的速度比以往慢了许多，还在我面前停了一会儿，好像在沉思什么。对此，我只是微笑了一下，什么也没说。

马克若有所思地瞥了我一眼，然后就离开了，只留我独自在办公室附近徘徊，心里一团乱麻。

回顾问诊的过程，我发现，我只是见证了医患关系中那种很常见的依赖感而已。我明白，马克个性的改变已经体现在他和我的关系之中了。他已经从一个消极的、具有攻击性的人，变成了一个坚定、自信、有勇气的人。他不是角斗士，也不是园丁，他成了一个全面的男人。

马克冒险跟我分享了他的感受，我也被他的勇敢所鼓舞。一段关系的存在和维持，是需要当事人具备勇气的，马克展现了我没有的一种品质。我想跟拉米分手，却没有直接面对我们的问题。而且，我离不开我的患者们，我想跟他们在一起，无条件地接受他们，在这个过程里，我也有了新的力量跟男人相处。我不只是说要支持你的男友或丈夫，不只是说你们要相互依靠，还建议你们有勇气采取冷静的行为模式，不要过于自大、自我欣赏，让自己有安全感。你想要一段爱情是人之常情，因为你会享受对方的陪伴，被对方所爱，但给予爱意味着要冒险，要接受不确定。

保持亲密关系需要勇气。马克或许也知道他会遭到我的拒绝，但还是把他对我的想法告诉了我，我真希望能为他的这一行为颁发奖章。我的很多患者都不能接受自己真正的改变，因为他们很难表达自己的欲望。为什么会这样？因为表达会引起对方的怀疑，因为我们害怕遭到拒绝，害怕出现自己不能接受的结果。这也是情感治疗通常会变成培养自信的过程的原因，因为掌控亲密关系需要自信。马克告诉了我他对我的感情，这表示他跨出了接受自我的第一步，而这将帮他开展一段恋情。

我认为，男子气概，从一定程度而言就是希望在任何情感关系中都能获得成功。了解了男人们希望在情感关系中成为什么样的人，我也就明白了女人在找男朋友时应该问自己的一些重要问题。他是怎样应对情感和情绪的？他能够处理好恼怒和悲伤的情绪吗？他是会发脾气还是会将这些情绪掩藏起来？ 他是会主动处理还是会咽下这些情绪？他是怎样应对生活中无处不在的压力的？他能够接受和给予爱吗？他能跟你相互扶持吗？你们能成为彼此的避风港吗？即便你让他感到挫败、你们的生活过得并不如意，他也能保持对你的爱吗？他能否不沉迷在爱里无法自拔，而是在爱里找到自己吗？

我以前跟我的一个朋友说，我之所以开私人咨询室，其实是想帮助女人，但现在我接待的主要是男性患者，所以我一度认为我失去了初心。“你是在帮助女人，”她说，“只不过你自己没意识到。”我仔细回忆了自己帮助男人处理与女人的关系的过程。我总能遇到喜欢按照角斗士风格理解男子气概的人，即便是那些看起来很温柔的男人也是如此。我将角斗士风格视为他们个人成长的真正阻碍，我决定扮演教导者的角色，教他们重新定义男人和男子气概。我想让他们明白，哪里才是他们内心中的柔软之处，哪里才是他们内心中的强硬之处。我想帮他们重新定义男人一词。我也在思考，什么样的男人才是我理想的伴侣呢？面对爱情的不确定性时，他能够保持坚定；面对女人的吵闹和威胁时，他能够沉着冷静；他能以合理的方式控制自己的权力欲望，用自己的力量创建并维持自己的情感关系；他不因索取（尤其是从女人那里索取）而因给予和分享变得强大，通过帮助身边的人获得力量；他能努力发掘别人的长处，特别是伴侣的长处；他非常尊重自己和自己爱的人，不将别人的成功视为威胁，因为他明白自己的价值所在，不需要通过揭别人的短来增强自己的力量。

帮助那些男人将理想付诸实践并不容易。当我因他们而恼火时，我会打电话给我的母亲，说我想放弃。“我为什么要帮助这个男人？”恼火的时候，我就这样问。而母亲会要我忍耐和等待。

我的问题就是不能忍耐和等待。事实上，我一直在努力尝试爱。爱一点也不容易，与浪漫不一样。爱不只是一种温暖的感觉，爱是有韧性的，是不屈不挠的。我也知道，男人是讨厌的，不完美的，他们不会成为女人们希望的样子。如果他们真的成了女人们希望的样子，女人们可能又会讨厌他们了。事实上，没有哪个男人能做我的拯救者、我的依靠，无论什么样的男人，他也只是个寻常男人而已。

关于亲密关系，我们每个人都有自己的承受极限。拉米和我就是这样的：我靠近他，他就会后退；我一后退，他就会跟上来。没有人想做追求者，我们都想做被追求的人。拉米会对我敞开心扉，然后我们可能大战一场；我感觉脆弱的时候，也会跟他大战一场。之所以有这些行为都是因为我们心里有不安全感，并不是因为激情。没有人生来就会勇敢、冷静地处事。

我把跟拉米的故事记在了日记里，大部分内容是让我感到困惑的问题以及我对情感关系透明度的探索。这些内容的主题好像阐述了这个问题："他是真的爱我吗？"

但其实，真正的问题是："我能够爱吗？"

戴维就问过我这个问题。

耐心、勇气、容忍。这些都是爱人需要具备的品质。因为我先向患者们提出这个问题，再帮他们寻找答案，所以我也逐渐学会了爱的真正技巧。这些技巧常常被我们忽略。

马克说，他最近花了更多时间跟女性朋友们在一起。他越是觉得自己强大有力，就越不会想去虐待女人。现在，他只想找个人好好爱一次。

接下来的几次问诊咨询效果都不理想。我们聊的话题直白而肤浅，没有什么情感深度，我们也都没有提起之前发生的事。我本来可以让他直接说说那次的僵局，我知道遇到抵触的时候应该怎么做，但我没有这样做。我想避开这个话题，因为我心里明白，这将是我最后一次见他。最终，马克打破了沉默，先开了口。

“我真的对你有感觉。”他很自信地说，“我不是想把自己的幻想强加给你。相信我。我希望你回答我一个问题，不要对我进行心理干预，不要像医生一样评判我的行为，就按你的真实想法回答我。”

“什么问题？”

“你是否也对我有感觉？”

面对这个问题，我想说不，想要撒谎，但又不想骗他。真诚是我所提倡的。事实上，我的确对他有感觉，我不想让他质疑自己的直觉。

“有，但是……”我结结巴巴地说，“这种感情是片面的，马克。你觉得你了解我吗？我觉得我们不可能。”

“那都是废话。我了解你，布兰迪。我不知道你住在哪里，不知道你来自哪里。你从没有跟我说过你的故事，但我能读懂你的眼神、你的微笑，我知道你的热情和才干，我很清楚。我认识你已经一年了，你心里想什么，我都知道。”

我完全放下了戒备，他说得没错。我也有感觉。什么感觉呢？我不确定。也许我该高兴，他可能已经了解我内心想要被关注的渴望了。我的患者们几乎没人想了解我，他们问我问题，只是想确定我够不够专业、能不能帮到他们。他们对我的了解和认识仅限于他们问诊咨询时跟我说的话。我感觉自己——咨询师外壳下真实的自己，变成了隐形人。我鼓励他们做自己，却忙着埋葬自我，我总在隐藏自己的真实感受和想法。我必须严肃认真地对待他们，以便为他们创造安全的环境，让他们释放自己的眼泪、恐惧和绝望，但这会让我感到无聊和厌倦。我必须关注他们身体动作和表情的细微变化，洞察他们措辞、语气的细微变化，追溯他们的内心感受和想法，将他们心里自己未曾关注的那一面揭露给他们看。

我也想走在阳光下，跟他人分享自己的故事，向他们展现我的多面性。有时候我也会跟他们说说早上乘地铁上班的经历，或是前一晚看的电影、读的书。但当我真的这样做了之后，他们都只是敷衍地应付我几句。这种时候，医生是不能让患者们花时间听他们的故事的。

医生和患者的关系，很大程度上是一种依赖关系。有时候，我觉得自己被利用了，因此会对他们充满愤恨。马克想了解我，他戳破了我的职业伪装，他的关注为我注入了新的激情。让我就像干渴的植物需要水一样需要他，让我充满了激情。我以前从未有过这种感受。我想向他敞开心扉，但这让我有罪恶感。

"是的，马克。"我最后说道，"我的确也对你有好感，但我跟你并不合适。"

"这真是可笑，"他说，"人们在任何地方都会相遇，而我们恰巧是在咨询室里相遇的。你的意思是，如果我跟你是在别的地方认识的，这一切会不一样吗？"

"有时候我们会对我们不能拥有的人产生感情。"

"我查过心理咨询师方面的规定，"马克继续道，"两年后，我们就可以在一起了。"

"马克，我不会考虑跟你在一起的。治疗你对我很重要，你是知道的。我的职责是让你成长，但这个职责不会长久。"

这是我最后一次接受马克的咨询。我们都认为，继续诊疗也不会再有什么收获。我提出给他介绍新的心理医生，我也的确给他介绍了下东区的一位男性心理医生。我知道这样做合情合理，我只是从未想过自己会这样做。

事实上，马克在我这里进行的咨询诊疗是成功的。他能够坦陈自己的感受，这一点令人钦佩。他是勇敢的，面对我的拒绝时是坚定的，他的这种行为方式真的很吸引人，他的眼神透着坚毅，我看到的他跟以前已经不一样了，他现在看起来很坚强，我让他变成了我崇拜的那种男人——我真正喜欢的那种男人。

我仔细思考着自己跟马克的关系。经过最初的难以沟通后，我们后来的交流都是轻松自在的。我感觉和他相处就像跟双胞胎兄弟相处，感觉他的灵魂与我的灵魂契合。在他面前，我更加释然、更加放松。我虽然是他的心理医生，虽然一直记得自己的职责所在，但在他面前，我还是表现出了真实的自己。

马克并不是多特别的人，他就是个普普通通的美国中产阶级男士，长相平凡，资产一般，才智也不出众。他一点也不神秘，周身没有奇幻的光波，也没有任何传奇色彩。我们的交流是纯粹的、单纯的。我将他视为一个真正的男人，我享受他的陪伴。马克教会我一件重要的事：爱一个人就该爱他本来的样子，而不要期待从他那里获得什么，也不要期待他变成我想要的样子，更不要期待凭一己之力去改变他。亲密关系中理想的交往模式只属于享受彼此真实样子的人。

虽然我喜欢马克，但还是因为他与我的相似之处感到心烦。我想做患者的镜子，而马克显然做了我的镜子。我在他身上看到了曾被我漠视的自我，就是刚从佛罗里达州的小镇上出来时那副单纯的模样，那时的我想要逃离小镇上单调乏味、死气沉沉的生活，所以来到纽约。然而，在马克身上，我发现了一种美，它让我摆脱了那种虚假的幻影，真心拥抱现实。

几周后，拉米给我打了电话。“我订了两张去墨西哥的机票，”他说，“就是你以前提到的那个地方，瓜纳华托……”

比尔丨

流连花丛，只是不想承认自己缺爱

第一次约见心理医生时，患者们都很谨慎。他们刚来咨询的时候，总要对我的专业性进行考查，我也习惯了。我觉得，异性约会跟这种情况很类似：男女双方面对面地坐在某间很有浪漫情调的餐馆里，都在心底里问自己："我们谈得来吗？我们合适吗？我们的关系会好吗？"

而比尔不愿意等。"进入正题之前，我想知道你是什么样的人。"他说着，靠在沙发椅背上，双手交叉叠在胸前，就像在法庭审案一样，而他则是法官。

"你是怀疑我不能帮到你？"我说着，挑起了眉头，微微一笑。

"没错。"

通常，患者们会问很多问题来确认我能否帮到他们，例如问我工作经历、我上的学校以及在处理他们的问题方面是否有经验，等等。而我可能给不了他们想要的答案。这时，我通常会机敏地做出应对。"我是个单身女人，但我帮过很多已婚夫妻；我没有孩子，但很多母亲来我这里咨询过；我诊治过有功能障碍的男人，但我不是男人；我可能无法体验你的生活经历，但你花钱找我是想借助我的专业技能，而不是要找我们的共同之处。”

我极少遇到还没开口就遭到批评和否定的情况。有一次，一位年长的女人进入我的接待室，我热情地欢迎她，而她只看了我一眼就说：“哦，不！”然后马上离开了。我跟她走到走廊上，问她要不要进来跟我说说她的问题。她同意了，但说我看起来这么年轻，似乎根本帮不了她。幸运的是，她让我了解了她的故事，原来她只是羞于开口求助比她年轻的人。最后，她还是来我这里咨询了。一旦摆脱最初的抗拒心理，后来的问诊就会很顺利。

然而，这位名叫比尔的患者对我疑心很重，他好像从一开始就认定我帮不了他。他看起来像一个急需帮忙却求助无门的人。开始问诊之前，我必须为自己辩护一番。

“告诉我，你需要我怎么帮你？”我问。

“我不希望你只是坐在那里不停地点头。”比尔答。

“所以，你需要直接的指导。”我说。

“是的，但我还是不太确定是否要在你这里继续咨询。”比尔带着怀疑的神情审视着我，然后说，“也许我该找个男医生，你很容易让我分心。”

“这么说，我可能正是你需要的人。”我告诉他，如果我让他有了反应，那我当然是帮他解决问题的最佳人选。

“是的，也许吧。”比尔笑着说，“但你不是我喜欢的那种女人。好吧，就说到这里。我急需帮助，也许我应该每天过来。”

这已经是在跟我商量具体的咨询时间了。

“你急需得到你需要的帮助。”

“嗯，我是个成瘾患者。你知道这种人的表现吗？”

他一再质疑我的专业性，这让我有点恼怒，但我还是告诉自己要耐心一些。“你为什么不跟我说说你自己的表现呢？”我说。

比尔鼓起勇气告诉我：“我的情况是这样的。我喜欢带我的孩子们去睡觉，喜欢看着他们迷迷糊糊地听着我讲的故事入睡。但是，在他们熟睡之后，我会出去再做点什么。你也许认为我应该因我接下来的行为而有罪恶感，但我做的时候并没有那种感受，只有在做完之后才会有。在那个过程中，我觉得我就想那样做。”

“那是做什么？”

“寻找遇到陌生人的刺激感。我喜欢开车出去，穿过安静的郊区，去纽约北部的布朗克斯区，这很刺激、很冒险。”

“你想找刺激？”

“因为我不知道接下来会发生什么。十几岁的时候，我就喜欢这样，在周五的晚上跟朋友们一起去城里游荡，做从未做过的事来找刺激感。我也许会约一些女孩一起出门，或者找人打斗一场，或者去某个高档的夜总会玩。是的，我喜欢激情，我喜欢参加活动。但有时候，准备活动的过程比活动本身更令人兴奋。”

“参加活动让你有什么感觉？”

“失望。因为有种虎头蛇尾的感觉，所以我会去找更多，直到找到为止。”

“更多什么？”我问。

“女人。我一晚上能约四五个女人，最多的一次，我约了十个。”

“真难以置信。”

“你是在批评我吗？”

“不，只是有点惊讶。这个数目有点惊人，不过这可能吗？”我微笑着问。我有点惊讶，因为我居然没有表现出蔑视或厌恶的情绪，也没有因为他的戒备态度而恼怒。我很平静，却并不呆笨。我知道我能忍受比尔说的话，一直关注重点而不让自己情绪起伏。在比尔面前，我冷静而专注，态度亲和，内心坚定。此时，我感觉自己就是这样的。

“是的，但我不会跟她们发生实质的性关系。”比尔说，“不要以为我是花花公子。我其实什么都有：事业有成，有一个美貌的妻子，而我也很爱我的孩子。我就是那种闲不下来的人，总会问自己：就这些吗？不应该拥有更多吗？”

比尔五十岁出头，是个即将退休的房产投资商。他家在康涅狄格州，有空就去曼哈顿。他平常喜欢打高尔夫，会在网上找美女热聊。他喜欢穿色彩鲜艳的拉夫·劳伦牌羊毛衫，如桃红色、大红色或淡黄色等。他的服装风格整体偏灰暗，只有羊毛衫的色彩鲜艳一些。比尔知道怎样享乐，却不懂何为幸福。我想，当他发现自己一直向往的那种生活方式、那种每天都能因生活中的各种乐趣得到满足的生活方式，并没有带给他满足感的时候，他会很困惑。我以前就遇到过这样的人，我认为，这通常是无须工作的人才会遇到的困境。他们的生活中鲜有挑战，也没有需要征服的事物，更没有需要创造的事物。这种休闲的生活方式让他们更加自由。但随这种自由一同出现的，是各种各样的问题。即将退休的比尔再没有梦想和抱负，他早上也没有必须起床的理由了，没有什么能真正点燃他的激情。他做事没有激情、没有驱动力，也没有目的。

然后，他在意料之外的地方碰了壁。比尔的秘书告诉他，他用于寻欢作乐的支出已达到前一年收入的一半了。得知此事之后，比尔张皇失措。他经过多番打听，找到了我。

“钱这个事已经失控了。”比尔说，“以前我还能攒下一点，但现在没办法了。这件事我怎么瞒得过我老婆呢？”

“你花了多少钱？”

“20 万美元。”

听了这话，我不禁吓得往后退了一大步。

几天后，在吃晚饭时，我跟我的朋友们提到新患者的情况。也许是因为喝了酒，她们都只是半信半疑地笑了笑。“别这样，”玛格丽特说，“这事是真的吗？男人们一向喜欢做那种事，而现在，这居然成了一种心理疾病？这不是将男人的正常行为病态化了吗？”

“没错。这只是将卑劣行为合理化所使用的托词。”简说，“这是流行心理学的诊断结果，这些混蛋可以用这个逃避谴责。现在我们应该为他们感到悲哀。可怜的男人，他们把持不住的时候就说自己患了病。”

“你是真的为他们感到难过吗，布兰迪？”玛格丽特问道。那时候，她的男朋友刚又与别的女人有暧昧关系。

“嗯，我是真的同情这个男人。”我说。

“那么，你该为这些可怜的家伙做些慈善活动了。”她说。

“我不是叫你们替这些成瘾的男人感到遗憾，也不是让你们原谅他们的行为或者替他们找什么借口来原谅他们对他人的伤害，好像你们根本没将这些事放在心上。我只是想说，他们生病了，容易犯错误，值得同情。至少来我这里咨询的那些男人是这样的。”

她们做出这样的反应，我一点也不吃惊。性成瘾这种情况的确值得我们深入研究。这种疾病根本没有进入《心理医生标准设计手册》的范畴，它仍然存在不少争议。

然而，这种行为是真实存在的，而且成瘾跟好色有明显的不同。成瘾者以自己的行为为耻，并且认为自己无法控制自己的状况，所以他们通常会很难过。但好色者觉得这样没什么不好，而且认为自己的状况仍在自己的控制范围之内。

成瘾者的一切都是失控的，正常的生活被搞得一团糟，但他们控制不了自己的行为。随着时间的推移，这种行为会发展成类似的心理状态，就像滥用药物的人大脑中的神经发生了变化一样。任何行为成瘾都一样，人一旦成瘾，大脑感知欢愉的能力会降低，这种症状也被称作“欢愉聋”。欢愉感的阈值提高了，那么成瘾者就需要更多的刺激来获得更大的欢愉。所以，如果性成瘾行为背后的情感原因不足以让怀疑者信服，那么性成瘾就会被认定为人的生理行为。

我希望让人们了解自己欲望的本质。我想要让他们弄明白自己还不清楚的行为动机。男人，尤其是那种满腔情绪急待发泄的男人，他们的欲望其实是由很多情感需求交织组合而成的，只不过他们自己不知道或者不承认而已。

比尔告诉我，疯狂的欲念让他日夜难安，甚至无法跟自己的妻子和孩子融洽相处。在居家办公的时候，他很快就会去查阅网上认识的那些女人给他发的邮件。“我必须去看那些邮件，”他很无奈地说，“如果不看，我会坐立不安，然后，只要我觉得有人会按照我的意愿行事，我那天晚上就会去见那个发邮件的女人。”

“你想做什么？”我顺着比尔的话问道。

“我希望她温婉可爱。”

“我也这么认为。但你会因此感到满足吗？”我说。他的困境也不过如此。

“并没有。我很生气，我居然为此花了那么多钱！”

比尔的恼怒引起了我的注意，但我并没有理会他的怒火，因为我不想干涉他发泄被压抑的情绪。所以，我问道：“那么，你是想从不会给你爱的女人那里获得爱吗？”

“是吧，我认为是，我是想找温暖……是的，就是你说的那样。我从未想过要给自己的需求贴上这样的标签，但你说的没错。我从不知道温暖是什么感觉，所以我也一直不知道我在找寻什么。”

此时，这个比我年长 20 岁的男人像个不开心的婴孩一样，我只想安慰他。这真让我感到吃惊，这种不忠于婚姻的行为背后居然隐藏着对爱抚的渴望。要是以前听到这样的故事，我真的会觉得很恶心。我要求他跟我详细说说背后的故事。

“我卸下防备了。”他说，好像发现了什么重要的事。

“你为什么这样说？”

“真不敢相信我居然把这些都告诉了你。”

“你能相信我，这是我的荣幸，比尔。”我真的是这样认为的。

“我觉得……被你看透了。”

“你被我看透了，这让你有什么感觉？”

“不舒服，但你让我心安。”

“虽然你觉得不舒服，但还是把你的故事告诉了我，我很开心，这需要勇气，比尔。”

他离开之后，我仍然在同情他，想到他对我如此坦诚，我眼里甚至涌起了眼泪。我清理了沙发椅和茶杯，然后离开办公室。原来这就是成熟。

比尔的某种特质激发了我体内母性的本能，所以，再一次问诊时，我让他跟我聊聊他的母亲。他说她就是个“自私的酒鬼”。“她经常跟各种朋友出去聚会，也经常换男朋友，看起来总是很开心。她打扮得很迷人，我觉得我简直就是个拖油瓶。聚会后的第二天，她就会穿着睡衣待在家里，如果我打扰到她，她就会生气。”

比尔的母亲会满足他的日常需求，但极少跟他交流。“她对我没有感情，也没有真正教育过我，更别提给我温暖了……”比尔突然住了嘴，也许是因为习惯吧，过去，他的需求得不到满足时就会这样，因为他知道，他无法获得母亲的回应。他又说，近期回老家在空荡荡的房子里漫步时，以前那些感受又重新浮上了心头，他又开始觉得自己是个多余的人了。

“我的妻子也不是温柔的人，但我们的关系还不错，相处得还可以。”他很泄气地继续说，“不过，她脾气不好。”

“你总是向那些不可能给予你爱的女人索取爱。”

“我怎么是向她们……”

“你花钱找女人，希望得到大部分人不愿给你的东西。她们不给，你就生气。”

“嗯，但至少我让她们获得了主动权。”

“事实上，是你在教她们如何掌控你，你才是被她们控制的人。你为什么喜欢这种被控制的感觉？”

“我只是希望有人能照顾我，态度温和地告诉我该怎么做。”

“这也是你希望你母亲给你的吗？”

“是的。”

“所以，你急于得到的是母爱。”

比尔想被控制并不是因为他是受虐狂，他其实是想拥有父母的教养，但这里的“教养”不是字面上的含义。我们普遍认为，母亲具有如下特质：关心他人、有耐心、为人温和、内心坚强。比尔想要的正是这样的女人。虽然比尔已经赚够了钱，快要退休了，但在情感上，他像个孤儿，孤独无依。他居然连基本的需求都得不到满足，我很替他难过。如果没有母亲，那我们在这世上就都像没有家的孤儿。

“我需要那种爱，很深厚的爱，再多我也不嫌。”比尔说，“也许正因如此我才总是找女人。”

我终于将他的情感需求和成瘾行为联系到了一起。男人为什么要通过身体寻找爱？如果你渴了，你会吃三明治解渴吗？你累了，会喝水解乏吗？

这真的让人摸不着头脑。成瘾者其实都有情感需求，他们需要确定他们是被人爱着的，就像在跟别人说："你爱我吗？你爱我吗？你确定吗？我不相信，你再告诉我一次。"

调研报告显示，78% 的性成瘾患者来自"关系淡漠"的家庭。从心理学角度而言，就是家人之间的关系不亲密，让人觉得他们彼此是陌生人。这种患者就像卑鄙的小人，他们残忍无情，贪得无厌，来者不拒。寻常的女人意识到这一点后，大都会反感。不幸的是，在婚姻关系中，这种无法消除的不安全感只会让女人觉得很有负担。有的女人会顺从，因为她们依赖其伴侣。比尔的妻子就是这样的女人，她认为，只要满足他的需求，他就不会变心。她根本不知道，对性成瘾患者而言，这种策略根本没用。

我去了瓜纳华托度假，当然，是跟拉米一起去的。我认为这是墨西哥最有浪漫情调的城市，民谣歌手们晚上要在狭窄的街道上停留好几个小时，不断唱着爱情歌曲；城里的人会跟在他们身后，一边喝酒一边高声歌唱。最后，他们会停在吻之巷，亲吻、欢庆。这个小城真的很对我的胃口。如果这里是灵魂伴侣之乡，那我应该能找到我的白马王子吧。当然，此时此刻我已经忘记了要跟拉米分手的想法，我们的关系进入了一段最平静而稳定的时期。

拉米甚至开始根据分居协议申请离婚，这让我感到惊讶。我已经接受了他们协议分居但还没离婚的事实了。他决定离婚，这意味着他将承受巨大的经济损失，我也知道这对他来说意味着什么。毕竟，他也是历经艰难才走到今天这一步。他的经历就是一个移民实现自己的美国梦的童话故事。他在难民营里长大，花了一年的时间才还清购买来美国的机票时欠下的债务。刚到纽约时，他钱包里只有 67 美元，跟 8 个男人一起租住在布鲁克林一间有两个卧室的公寓房里。起初，他一直在曼哈顿一家熟食店里打工挣钱，后来跟一位同事合伙开了自己的熟食店。他们买下一个店面并进行了装修，之后赚了一大笔钱，数额远超他的想象。数年后，他开了更多店铺，也有了更多资产。他实现了财务自由，无须再工作，但他一直留着最初来美国时那个钱包，里面永远放着67美元。他说，这能提醒他，再糟糕也不过像当初刚来美国时那样。这种做法很不错，因为他的个性比我更加鲁莽。我明白他做出这个决定要付出沉重的代价，也尊重他的忍耐和慷慨。这对他来说是很重要的一步，因为这证明他接受并信任我们这段关系。

几周后，比尔告诉我，他的妻子怀疑他偷情，并询问是否能带她过来一起咨询。他还说，他妻子认为，心理医生就是利用人们的悲惨经历来赚钱的骗子。“我觉得她只是想确定一下我是不是真的来咨询问诊了，”他说，“而不是去找别的女人。”

我鼓励我的患者们带着他们的配偶一起来咨询。我也希望他们能够诚实对待伴侣，但比尔撒了谎，他告诉妻子娜塔莎，他来咨询是为了治疗轻度抑郁症。对比尔来说，要面对他的妻子已经足够麻烦了，而更麻烦的是，她根本不明白自己为什么也要来。有些咨询师为了给患者保守秘密，甚至会对男女双方分别问诊。我们并不确定，每位来访者想把自己的秘密留存多久。

娜塔莎是个普通的中年妇女，来的时候表现得十分端庄，以掩饰她内心的紧张。她穿着样式简单、质量硬挺的短上衣和宽松的裤子，一头金色的短发。我能看出，来我的办公室让她感觉不自在，她步伐小心翼翼，好像进入了女巫的家一样。

她仔细审视我的办公室，然后在沙发上坐下，脸上的笑容很勉强，握手也是象征性地碰了一下。

虽然她半信半疑地来了，但慢慢放下戒备心理之后，她还是很温柔的，完全不是比尔说的那种冷漠的人。她因为紧张而脸上泛红，看起来很和善。

在最初的几分钟里，娜塔莎并不怎么开口，但总是打量我。她看着我，当我看向她时，她又会转过头去看比尔，她有时候还会低头，眼神空洞地注视着地面，好像在想什么事情。“告诉我，你们在这里都谈些什么？”她柔声问比尔。

“抑郁。”

“这对你有帮助吗？”

“是的。”

“你很少回家，在家你根本不理人。你忘了你的孩子们了吗？”说着，娜塔莎泪如泉涌，我赶紧给她递了一盒纸巾。

“每天晚上我都会哄他们睡觉。”比尔说。

“但那之后你就离开了。”她说着，一只手搭在了他的手上，好像要去握他的手，但他并没有回握住她的手。她很深情地注视着他，好像在说她想知道真相，也像是在恳求他告诉她真相。她的眼神里流露出深切的担忧和关爱，希望比尔有话直说。

比尔快速地环顾了一下整间办公室。“我跟朋友们出去玩了，我想好好享受退休后的生活，毕竟，我辛苦操劳了这么久，就让我好好休息一下吧。”

“你这样让我觉得很糟。”她说。

然后，他们陷入了沉默，咨询也陷入了僵局。比尔没有给出真实的答案，妻子想要了解他，但他没有任何回应。这一幕真令人感到痛心。直觉本是女人拥有的神圣天赋，现在却成了娜塔莎痛苦的来源。看着比尔一脸漠然，娜塔莎凭直觉知道他在说谎，却无法探知真相。她用乞求又带着一丝不屑的眼神看着我，好像明白我一定知道内情，也在怀疑我这个年轻的陌生女医生为什么知道有关她生活幸福的所有秘密。我实在受不了了，我想把事情的真相都告诉娜塔莎，但我不能这样做。我也很恼怒，因为比尔的自私已经造成了这么大的伤害。我感觉我见证了一个女人自信被瓦解、观念被颠覆、真相被曲解的过程。

同其他对配偶不忠的来访者一样，比尔也有罪恶感和懊悔之心，也能承认自己的行为颠覆了自己的价值观，但无法停止自己的荒唐行为。

我知道普通人是怎么堕落的了。这是一个缓慢的、让人难以察觉的过程，起初只是心里有个小小的声音在告诉你要怎样做，后来这个声音越来越强势、霸道，它自行闯入人的思绪，然后在其中安营扎寨，让人感觉眩晕，做出违背自己崇高理想和道德的事，让人违背对伴侣的承诺。这个声音变得越来越大，它一直在高喊“我需要”“我想要”，让人盲目听从。人们自甘堕落的原因都不一样，有的是因为贪婪，有的是因为孤独、嫉妒、憎恨自己，等等。

比尔则是因为急需被爱。

几周后，比尔走进我的办公室，我完全没想到，他居然说出那样惊世骇俗的话来。

“我想，我可能爱上了一个人。”他说，“我从广告上发现布朗克斯的一家酒吧，在那里，我遇到一个年轻貌美的拉丁女孩。”

“哇！”我说。

“这次情况要好一点。”比尔继续道。

我在猜测，她就是那个自愿支配一切，又温情十足的女人吗？

“我带她去了扬克斯一家破旧的汽车旅馆。”比尔继续道，“当我们进入房间之后，她却告诉我，她其实是个男的。你能相信吗？”

我真的不知道该说什么，于是我就听比尔继续说。他已经来我这里咨询这么长时间了，所以他会自动回答我可能会问的“你对此有什么感觉”这类问题。

“她叫卡拉，她表现出很关心我的样子。她总在听我说话，看我的眼神也跟别的女人不一样。昨天她告诉我，我看起来很孤独、很迷茫。我自己甚至都没有意识到，但我相信她说的话。然后我就一直跟这个才 20 岁的人聊我生活得多么空虚、我对此有多么焦虑，而她也能够明白我说的话。我一点也不在乎她是男是女。”

“她真的明白你真正的需要吗？”我问道。

“我觉得她很聪明。我认为，她要是出生在康涅狄格州的好人家，而不是布朗克斯区的穷人家，她可能有机会接受更好的教育，可能有机会去旅行。你知道吗，卡拉不知道尼采、斯坦贝克（美国作家，曾于1962年获诺贝尔文学奖）和普鲁斯特，也从没听说过罗斯福总统的事迹，不知道这世上还有特鲁希略这样的地方，也不了解她的祖国多米尼加共和国的历史。她从没去过纽约以外的地方，不过她很机敏、很聪慧，我很看重她的看法，甚至超过了我朋友的看法。如果她这么聪明的人得到了培养，那她的生活会发生怎样的变化啊！”

比尔并不知道卡拉是男是女，也不知道她的行为是出于真心还是只是演戏。他只知道，他遇上的这个人懂他，这让他有了些许活力。在他的描述中，他似乎一直想说服她去上大学。他不敢相信，她从未想过接受更好的教育。他开始给她买各种历史、文学和诗歌类书籍。他会花钱邀请她一起去咖啡屋读书。比尔好像在卡拉身上找到了自己全新的目标，这让他平静的生活又起了波澜。过去几个月的时间里，我一直试图说服他不要沉浸在那种他自认为没有激情和活力的生活中，但我们的探讨陷入了僵局，没想到卡拉让他找到了生活的意义。

比尔计划为卡拉的变性手术出钱，还打算付钱送她上大学。他现在已经捉襟见肘了，而且还要负责养家，不知他是否还有钱做这些。我有一种直觉：比尔的核心动机改变了。

卡拉跟比尔说了自己的经历，这让比尔不再只关注自己的需求和情绪。他认识到了康涅狄格州之外的世界，他开始打高尔夫，去乡间俱乐部玩，去百慕大群岛旅游。这让他有了大局观念，虽然比尔已经厌烦了听卡拉的故事，但他并不排斥她跟他讲道理。他重新振作了起来，对各种问题也有了自己的想法和观念。他想投身于生活之中，想要有所作为，想确定自己的价值，而不是只关注生理感受。

现在，他下定决心好好生活了。

不幸的是，没过多久，比尔想要改变卡拉生活的想法不得不终止。他很急躁地走进了我的办公室。

“娜塔莎翻阅了我的短信，也猜到了我去的根本不是我告诉她的地方。然后，她清查了我的办公桌，发现了我的另外一部手机及银行卡的消费记录。我们爆发了一场大战，她威胁说要带着孩子离婚。”

我不想表现得无动于衷，但我的第一个念头就是：难道只是威胁?

“你有没有跟她坦白你的事？”

“我没法告诉她所有的真相。”比尔哼哼唧唧地说，“我非常恼火，冲出家，开车 3 个小时去了我妈那儿。我觉得我快要崩溃了。但抵达之后发现，她不在家。”

比尔握紧了双手，一副很崩溃的样子。这次冲动回家的经历让他再次感受到了多年来积累的痛苦。

“我知道，比尔。你终于去寻求安慰了，可是没有找到你最需要的、可以安抚你的母亲。”

“然后我想起了曾经遭遇的性虐待。”

什么？他之前为什么没告诉过我这些？我很惊讶，但仍然保持沉默，因为我知道，要是问出上述问题，比尔是会发脾气的。

“我不想谈这件事，但是，我 12 岁时遭到了我母亲的一位男性朋友的性骚扰。”

比尔似乎快要崩溃了，但我不能错失良机。“你刚刚告诉我这些的时候想到了什么？”

“我怀疑自己是不是同性恋。一天晚上，我跟卡拉在一起时，我想起了 12 岁时发生的那件事。”

“你一定压力很大，觉得困惑。”我说。

“那个人关心我的方式不一样。他很友好，带我参加棒球赛。我感觉他就像父亲一样。”

“的确如此，比尔。你急需父母的关爱。”

经过一段时间的诊疗，比尔认为，自己有双性恋倾向的部分原因是童年的这段经历，而且他不只是因为曾遭遇性虐待而难过，更让他揪心的是，他的母亲没有保护他，相反，是她让那个男人靠近比尔，让他们可以单独相处。有时候，他的母亲会自己待在卧室里，而其他参加聚会的人则待在他们家里，来去自如，他们在沙发上睡觉，这对比尔造成了严重的影响。人们经常问："做心理治疗的时候，为什么要回忆过去的事？"对比尔而言，回忆过去能让他明白，他成长过程中的经历会影响他对女人的看法。他觉得他的母亲并不可靠，所以他学会了不完全依赖女人。这种观念和态度导致他意识不到，无论在情感上还是在生活中，他的妻子都是最容易接近的人。比尔需要让自己接受她为他所做的一切。

最后，我问比尔为什么觉得得不到妻子的关爱，他给出一个毫无说服力的答案："她太关心孩子们了。"

"很抱歉，我并不这么看。"我说，"参与问诊的时候，她一直在试图关心你，她是你最亲近的女人。说说吧，你跟她关系并不亲近的真正原因究竟是什么？"

"原因在她。"他坚称。

"好吧，不过她现在不在这里，所以我们还是来看看你的问题吧。如果从现在开始，你一直忠于娜塔莎，不去找其他女人，你认为会怎样？"

比尔坦承，这会让他慌张，他担心妻子无法满足他的需求。

"你的意思是，你不相信她？"

"呃……"

"你也不相信我。"

我认为，比尔的基本观念是扭曲的，就像在照哈哈镜一样。"你对爱的渴望是如此强烈而扭曲，觉得女人柔弱又靠不住。这就是我们要处理的问题，你之所以如此恐惧、对爱有如此强烈的渴求，就是因为你遭遇过性虐待。”

心理医生只能帮患者做这样的分析。一旦他们学会接受自己对情感的恐惧，那么接下来的任务就变成了克服这些恐惧。只有到了那时，他们才会真正改变自己。这个过程很漫长，对某些人而言，这个过程可能持续一生。要想恢复正常，那么在恐惧感出现的时候，他们就要意识到这些感觉，而且要学会不对其做出过度的反应，这是一种认知训练。在这个过程中要一直对自己说：这会过去的。比尔和我几个月来一直在为此而努力，努力让他在跟娜塔莎亲近时克服不安感。

在接下来的诊疗过程中，比尔把他所有的过往都告诉了娜塔莎，这种冷静而诚恳的态度终于让娜塔莎开始为改善两人的关系做出改变。比尔不再跟卡拉联系了，但他还是很感激卡拉，因为她让他知道了什么才是最重要的，也让他的生活重新有了目标。卡拉让他热情为他人提供帮助，脱离了以前空虚的生活。比尔决定去一家慈善机构做志愿者，帮助贫困孩子接受教育。同时，他也为卡拉设立了一项助学基金，每年给她一笔钱用于教育。

最后一次来就诊时，比尔的眼里泛起了眼泪。

“我想谢谢你这么长时间以来给我的真诚关怀和同理心。”他说，“无论我跟你说了什么，你都能够接受。你让我觉得自己是受人欢迎的。我想让你知道，光是这一点就治愈了我。”

我也擦掉了自己的眼泪，深吸了一口气。我很惊讶，我用过那么多治疗技巧，最有效的技巧居然是给予患者真诚的关爱。对比尔来说更是如此，因为他从没有真正相信过女人。我觉得，我根本不必用同理心来理解比尔的感受，因为我是在用心跟他说话，这就是比尔的问题能得以解决的真正原因。在心理治疗学上，这被称作“矫正情感体验”。来访者在跟咨询师的交流中产生的新感受十分强烈，以致改善了来访者以往对人和世界的看法及观念，但这并不是认知上的改变，而是一种不同的经历带来的本能改变。

患者总能从这种经历中感受到希望。

结束语 |

爱是人性最核心的部分

回忆本书提到的每一个案例，我发现，在给男人们进行诊疗的第一年里，最令我开心的是，我明白了女人们在聊到该怎样了解男人时，说的内容往往没有事实根据。即便你心里很清楚，她们的结论大多以偏概全，但这些说法从表面上看还真像那么一回事。

首先，女人们普遍认为，男人是用下半身思考的。然而，当我接诊这些男人的时候，通过几次诊疗，我就发现，男人的情感动机跟女人并没有多大差别。只是男人很难区分心理与生理的需求有什么不同。我发现，爱是人性最核心的部分，人都需要爱人，也都需要被爱。对爱的渴求是我们做所有事的动机。我发现，那些没法跟女性维持长久关系的人，他们会想要更多的热情，这跟生理的激情完全不同。所以，我从这些男人身上学到了一些改善亲密关系的方法，这不是我个人经验所得，而是这些抱怨不满的男人们亲口所述，也是他们想要做的。我想，人们希望自己的亲密关系是重要的、特别的。

有意思的是，无论他们当初为什么来找我咨询，他们最终总会把话题转移到爱上，这也是我最感兴趣的地方。

我的一些患者认为，亲密行为就是爱的代名词。他们在情感上无法得到或是不敢去索要的，都会通过亲密行为去索取，这是他们赢得自尊的途径：他们希望自己是特别的、重要的、强有力的、被人需要的。亲密行为能够给予他们从母亲、妻子或其他女人那里无法获得的一切东西。然而，他们希望通过亲密行为得到的都只是他们内心无法得到的。他们没有学会如何关爱自己，转而迷上了幻想。这些男人希望女人能凭直觉知道他们的需要，并按他们的需要行事。然而，女人内心不希望这样。

这不是爱，所有的幻想就像去超市购物时跟收银员的交流一样平平无奇，不带任何感情。

有一次，我接待了一位很成功的词曲作者。第一次就诊时，他告诉我："我写爱情歌曲是为了谋生，但我并不相信爱情，我这么做只是为了赚钱。"

很显然，这是他想表达的第一个观点。他想告诉我很多他自己的情况，但这一点是他想强调的。

"爱都是假的，"他继续道，"是费洛蒙和多巴胺这些化学物质在作祟，说到底不过是为了繁衍。爱只是浪漫的幻想。"

他的语气听起来已经相当厌烦了。

"你希望爱是真实的吗？"我问。

"不，我只想活在现实里。"

"现实就只跟生理学上的定义相关吗？"

"嗯，好吧。人们说到相爱的感觉时，其实想表达的是'这个人让我自我感觉良好’，但这就是该死的肯定。别误解我，我喜欢得到肯定，我也因肯定而活着，但你无法永远被肯定，所以我现在感觉很糟，我前女友也感觉很糟。”

“如果只跟生理学上的定义有关，那我们就接受它，为它庆祝吧！”

他站了起来，在我的办公室里绕了一圈。“我喜欢活动，”他说，“我讨厌坐在这里谈论心理学术语，这样有用吗？我来这里是寻求帮助的。”然后他坐了下来，但这次坐在了我脚边的脚凳上，默默地盯着我看，好像要读懂我的心思一样。我也看着他，有点儿不安地挑了下眉头。

然后他突然又站起身，在房间里踱来踱去。

“你知道你长得很好看吗？”

“你分心了，”我说，“你不是来寻求帮助的吗？”

“抱歉，我有注意力缺陷综合征，而且我来之前喝了很多咖啡，我也不知道我刚刚说了什么。我很迷茫，感觉自己就是个废物。”

“你说，爱都是为了生理需求，而我说‘那又怎样？不如好好享受吧’。”

“那样活着的人太空虚了。”说着，他回到了沙发椅上。

“那你想要什么？”我问。

“我希望爱有意义。”

“那就让它有意义啊。”

“但是，它是没有意义的。”

“我觉得你说的没错，你就是个废物！”

“如果你的建议是让我少喝咖啡，少看克尔凯郭尔的书，那么抱歉亲爱的，我做不到，因为那就是我的世界。”

“亲爱的？”

“啊，对不起，对不起，医生！”他说着，脸上露出一个轻浮的微笑。

我们都大笑起来。

“你感受过爱吗？”我问。

“我认为我感受过。我爱我的前女友。大家认为跟爱有关的感受，我都体验过。”

“那你的确感受过爱。”

“我认为是的，但也许那只是化学反应。”他从口袋里掏出手机开始玩了起来。

“她让你失望了吗？”

“这种说法太过保守了。”

“那么，她的确让你失望了，而你也因此开始不相信跟爱有关的一切了，对吗？”

“我的经纪人要打电话来，我必须接听。”

“你需要被爱？”

“是的。”

因为绝大多数人都不懂爱，所以我们也不知道该对爱有什么期待。我还不了解他的情感经历，但他显然有某些期待没有实现，因此他才这样反感爱。然而，我也知道，我们很难否认内心对爱的渴望，而且我认为他一定有过渴望爱的经历。那么，生理上的渴望和需求是不是只是渴望爱的经历的一部分呢？他不明白，爱的本质其实是这些经历的总和。

“爱不只是两个人的浪漫情调，”我说，“爱是有扩展性的，你可以爱动物、大自然、孩子和朋友。我们内心都渴望爱与被爱，除了爱一个人、爱一件物品，我们还可以在很多方面表现爱。从某种程度来说，你可以爱你身边的一切。”

他没有回应，只是露出怀疑的表情，所以我继续往下说。

“告诉我，你爱做什么事？”

“弹吉他。”

“你为什么爱弹吉他？”

“因为它音色迷人，而且很容易弹。”

“不要说出口，静静地思考。”

“好吧……”

“弹吉他让你有何种感受？”

“我听不懂，你想让我做什么？”

“按我说的做就好。”

他停顿了一下，然后回复道：“好的。嗯，我感觉到了一股暖意。”

“现在试着放大这种感受。”

“嗯……好的……”

“现在想想你爱的别的东西。”

“我的小妹妹。”

“继续想，注意你的内心感受。”

他开始热泪盈眶。

“爱已然涌现。只要你想，你随时可以心生爱意。”

我们继续诊疗，我发现他还爱着很多事物，如他死去的宠物狗谢尔曼和奶油雪糕。虽然他遵从了我的指导，但态度仍然傲慢，这让我感觉不舒服。他一定以为我是对爱盲目乐观的人，他当然不乐意按我说的做。但我们还是一遍遍地练习，他说了很多，他能感受到爱，也能维持这种感受，这证实了我跟他提到的观点，即爱的感受是可以培养的。我希望他能够承认，至少承认爱是确实存在的，是可以被感受到的。他可以相信心里产生的爱意。后来，他的确承认，爱的感觉很棒。

我们之后又问诊了一次，那之后他就中断咨询，去了欧洲做巡回演出。最后一次问诊时，他说他必须离开，但并不觉得兴奋，因为再没有什么能让他兴奋了。“我感觉整个世界都没有意义。”也许，他找我的目的是想找到生活的希望吧。

“医生，你能告诉我，什么是爱吗？”

听到这个问题，我抓耳挠腮地想要找到合适的话来形容。“嗯，我们认为的爱是一种令人愉悦的、发自内心的感受，但其实，爱还包含很多行为和感觉……”

我说到这里，他举手打断了我的话。“医生，请停一下。你说的是真的吗？你就是这样告诉别人的吗？我认为你需要想一些比你说的更好的、更容易理解的内容，像歌词一样朗朗上口，还有，请不要用那么多专业术语！”

他说得没错。我说的话听起来的确令人感到厌烦。

“好的，好的，好的。”我说，“爱就是发现别的人和事物的美。

你需要通过爱去找寻创作灵感。”

一个月后，我收到了他的电子邮件，那时，他已经到布鲁塞尔了。邮件里，他向我道谢，并问我：“我还有最后一个问题：如果我再也找不到爱了，该怎么办？”

我回复道：“我相信你一定会找到的。我确信，每个人都需要爱与被爱，即便一段感情结束了，爱也不会消失，因为爱不只是因某个人而存在的，爱无处不在。”

他在邮件中告诉我，他仔细思考了一下我们最后一次问诊时谈到的内容，然后放下了存在主义文学家萨特的书，转而开始读诗人鲁米那些颂扬爱的著作。

最让我开心的是，患者们对爱的观念得到了改善。有的男人告诉我：“我现在不再寻找爱了，我想要成为爱的化身。”听到男人从辱骂女人转而思考“我以前总是怀疑自己没有人爱，而现在我总是问自己是否付出过爱”时，我真的不敢相信他们居然会跟我说这种话。他们现在不再关心自己能得到什么，而是关心自己能给予什么，这让我很欣慰。

拉米和我的关系恢复了平静。一段时间之后，我们决定结束这段异地恋。如果我们的关系要更进一步，那我们中必须有人搬家。然后，拉米来到我这边，并称：“我要搬到纽约来。”这种行为真的是他的风格，他将自己的行李搬上了车，开车从佛罗里达州过来。“你是我一生的挚爱，”他说，“无论付出什么代价，我们都要在一起。”

我真的很开心，我们终于不用再纠结该谁搬到谁那里了，我留在了纽约，也得以与拉米相伴。我跟时代广场的室友们告别，在上西区租了个地方跟拉米住在一起。我们同居了。然而，这段美好的时光只持续了两个月。我将大致经历简述如下：他买了一个订婚戒指，我们大吵了一架，他将戒指退掉，给自己买了一块劳力士手表，我们又吵了一架，他将劳力士手表扔进了哈得孙河，然后搬回了佛罗里达州。

又剩我一个人待在纽约了，我住在自己的单身公寓里。

这不是分手，而我也没有觉得难受，我们只是又恢复了分隔两地的状态而已。拉米想念佛罗里达州的大房子，他说他无法按照曼哈顿的生活方式而活。

我一个人躺在小公寓里，想着他说的话。这房子太小了，从床上伸出手去就能打开冰箱的门。我要忍受这种生活多久？这房子很小，厨房都没有公用电话亭大，睡觉的时候还有老鼠上蹿下跳，我只能在睡觉时把钥匙和鞋子放在容易够到的地方，以便半夜起来赶老鼠。

我想起我曾发誓要在纽约工作一年后就搬回佛罗里达州，也想起了我没有回去的真正理由，其实是因为我和拉米有信任危机。我没有安全感，也没准备好冒险去跟他一起生活。相反，我决定留在纽约，这样我就不用担心怎么跟拉米一起生活了。这真疯狂！以前，我总是劝说患者们在面对自己爱的人时，一定要保持冷静，要勇敢，那我为什么不这样做呢？最后，我还是决定冒一次险。

于是，我打电话告诉拉米，我要搬回佛罗里达州。我转租了自己的办公室，退租了自己的住所，跟所有纽约的朋友道了别。

我召集朋友们去上西区的一家酒吧喝酒，告诉他们这件事时，他们惊呼："你疯了吗？"虽然他们很惊愕，但我的态度平和而冷静。

拉米和我都很兴奋地为我们的新生活做着规划。

几天后，我收拾行李时，拉米给我打了电话。

"也许你应该找一个自己的住处，而不是跟我住在一起。"

"什么？为什么？"

"要是我们厌烦了彼此该怎么办？"他说，"我不想受束缚。"他唠叨了一大堆，但听起来借口都不怎么样。我真的受不了了，我听不下去了。

"也许我该跟你签份协议，声明我不在经济上支持你。"他支支吾吾地说。

我挂断电话，倒在房间的地板上放声大哭。

拉米犹豫了。

我以前总认为，只要我做出让步，我们的关系就能长久。我发现，这些年来我一直在克制自己，让我们保持适度的距离，但他总是抱怨我不在他身边。

哦，天啊！我的诊所，我突然想到我刚刚把它租出去了，而我现在必须在两周内搬离公寓。我以为我为爱做出了冷静的决定，但这一决定改变了我的一切。

我整理好心情，立刻订了一张最早的去加利福尼亚的机票，那是我一直都想去的地方。几天内，我就在那里租下了海滩旁边一栋漂亮房子里的一个房间，然后我飞回纽约去收拾行李。我打算将所有的东西都用棕色的纸板箱装好，然后邮寄到加利福尼亚的新地址。我寄行李时，拉米来到我的门前，想跟我谈谈。我一点也不吃惊。这一次，我只是让他替我把箱子送到邮局。它们实在太重了。

我们就这样结束了。

是的，我被拉米伤到了。他说谎，喜欢搭讪别的女人，漠视我。我并不认为我搬家这个决定做错了，也不认为爱这个人爱错了，因为我认为的忠贞是对爱情的忠贞。是的，他让我伤心失望，但他也曾为爱而努力。我为我的勇敢和对爱的坚持而自豪，虽然我并没有完全理解，但每一次付出爱都让我看得更清晰、更长远。

患者们经常问这样一个问题（为爱伤心难过的男人女人都这样问过）：为什么还要去爱？这些人都在努力接受这样一个事实：我们都可能因爱而受折磨，但我们仍然需要爱。陷入恐惧、拒绝接受感情并不能保护他们不受感情伤害，因为若是没有爱，他们就会孤独终老，仍然会体验痛苦的感觉。所以我会诚实地回答：是的，你可能会因爱受伤，这也是我们需要接受的最重要的经验。要学会爱，就要学会承受爱带来的痛苦，关于爱的一切都有美感和伤痛。

我不会厌倦，不会愤世嫉俗，这不是我的风格。我仍然喜欢浪漫，但与这些男性患者接触的经历让我的视角更为实际，也更有内涵。每一次我觉得拉米是个恶棍的时候，我都会发现他善良的一面。这种矛盾让我困惑了很久，但最终我认识到，这没什么好困惑的，因为人的本性就是如此。这种认知让我不再对男人持有批判的态度。我可能要跟他分手很多次，但这个过程与我的患者们的问诊过程是一样的，我都要面对他们内心的想法和感受。我必须克服他们带给我的不安全感，从同情和理解的角度去面对他们。

我为他们做了长时间的努力和奋斗，这些男人教会我该如何保持耐心，该怎样变得勇敢，该怎样学会容忍。我从不认为这些美德有哪一种像我深爱的浪漫情调一样令人着迷，但它们都为美好的爱情奠定了基础，让爱情变得有趣而生动。一开始，我也无法回答他们爱的本质是什么，但通过对他们的诊疗，我们都能认识到爱的本质，都能成长和成熟。

后记

拉米最终过上了他最爱的单身生活，他到处旅行，现在在许多发展中国家建立了孤儿院。

我在洛杉矶继续心理咨询问诊，也嫁给了自己爱的男人。他带给我的刺激远超我的想象。他来自爱荷华州。

致谢

布兰迪·恩格勒

刚从纽约回来的那个圣诞节，我独自开车从洛杉矶出发去沙漠地区的一个小镇，途中突然想写这本书。那里荒凉的地貌让我心情平静，很快我就有了灵感，在连锁药店买药时，我就写好了大纲。我想要谢谢苏·施拉德尔和马特·约翰逊，他们是我刚来加利福尼亚时认识的朋友，他们读过我的大纲后鼓励我写书出版。他们的信任是对我最大的支持，我要谢谢他们。

我还要真诚地感谢书中提到的拉米，当然，这不是他的真名，他并没有要求我公开我们情感关系中的所有细节。此外，本书是站在我的角度创作的。我联系过他几次，希望他同意我将关于拉米的故事以本书讲述的形式公开。他是这样回复的："你一定要写，我仍然爱你。"而我的回复是："说真的，这本书要出版了！"他对我一直都很宽容，他也说支持我出这本书，支持我公开自己的故事，而且还总会说："一定要让读者知道，我有多爱你。"我希望，我们的故事结局虽然是伤感的，但我的确实现了他这个愿望。

我还要感谢戴维·兰森。我这个新手作家能跟知名作家合作出书，这真是我的荣幸。跟我这样的不知名作家合作是有风险的，但他经常说，他相信真实，所以他决定跟我合作，我很感激他。我也很感激他对情感心理治疗表现出的兴趣，以及他对本书提及的患者的尊重，还有他对他们付出的努力的认可。戴维的耐心指导让我在写作过程中受益良多。他总是有能力让我敞开心扉，这真令我感到惊讶。起初我并不愿意公开我自己的故事，但他一直安抚我，让我不再戴着专业医生的面具示人，而是展现出我作为女人的本性。他一直那么支持我，让我有勇气公开我对感情和患者的焦虑。他让我变得脆弱而主动，正如我对我的患者做的那样。

我的版权代理者布莱恩·迪福，谢谢你在任何情况下对我的信任，还有伯克利发行公司的丹尼斯·西尔维斯特罗，谢谢你给我这个机会。

谢谢苏西·彼得森、艾米·阿尔康和斯蒂凡尼·威纶的辛苦校对和修改。

“创造性艺术家”经纪公司的布莱恩·派克，谢谢你对本书的热情以及对本书影视剧作版权提供的保障。

谢谢支持我写作本书的所有亲爱的闺密。苏西·科依尔，你的观点和看法都很有见地；卡伦·桑多瓦尔，谢谢你告诉我，我的脆弱并不会令人难堪，脆弱是美的；艾米·赖兴巴赫，谢谢你总是这么风趣幽默，总能提出质疑和鼓励。还要谢谢其他鼓励和支持我的朋友：贝斯·赖兴巴赫、劳拉·赖兴巴赫、温蒂·麦卡迪、玛丽·范·伦特、史蒂夫·史密斯、罗伯特·斯伦萨伦克和杰米·库克特。

还要谢谢我所有的患者。无论我在本书中有没有提到你们，都要谢谢你们选择我陪伴你们走过一段人生道路。我的学习过程中有你们相助，这让我受益良多，以后我一定能够帮助更多人。

我的母亲艾琳·邓，谢谢你一直关爱我，让我有能力帮助更多患者。谢谢罗伯特·邓、布莱恩·邓、卡拉·斯普纳为我提供了很多有意思的观念。

最后，还要谢谢我的丈夫弗朗西斯·恩格勒，谢谢你的关爱和支持。那天独自去沙漠地区前，我拒绝了你的陪伴，而这也导致我们分别了两年。我决定写作本书来打发时间，也能缓解对你的相思之苦。你一直支持我写作本书，也总是相信我能够完成这本书，这给了我极大的激励和鼓舞。本书提到的那些经历以及我问的那些关于爱的问题，都把我带到了你面前。

戴维·兰森

非常感谢布莱恩·迪福，是他一直支持我鼓励和指导布兰迪，与她合作出版了这本非凡的书，没有他的坚持，我们也无法看到本书。

还要谢谢以下这些人，这两年里无条件地支持我，听我畅谈我的出书梦，谢谢辛西娅·普莱斯、艾米·阿尔康（感谢之情远超她的想象）、南希·罗美曼、丽莎·库索尔、佐立安娜·凯特、萨拉·格雷斯、艾丽卡·西克尔、史蒂夫·兰道尔、简·艾尔，约瑟夫·梅尔兰德、丽莎·斯特朗·斯维汀汉姆、葛瑞格·科瑞特、艾瑞克·艾斯特林、比尔·泽姆、丹尼斯·西尔维斯特罗以及她在伯克利的优秀的发行团队，其成员有：贾德·克林格、罗曼·盖恩、乔·兰森、吉尔·斯图亚特、简·彼得森、加里·彼得森、乔治·克林顿、夏洛特·克林顿、格拉夫迪以及詹妮弗·劳里、史蒂夫·昂尼、弗朗西斯·恩格勒。如果上述名单有缺漏，那绝对是偶然的，很可能是因为我没有睡够。

还要感谢布兰迪·恩格勒女士对我的信任，跟我合作出版本书。她毫不胆怯地分享了自己的经历，也给本书赋予了独特的视角。她满足了我永不停歇的好奇心，让我不懈探索爱情和夫妻关系的哲学，而不只是探索心理学方面的知识。我承认，我想听到她关于我所持观点的看法，而在这个过程中，我也了解了她这个专业的相关知识。从布兰迪身上，我学会了采用不批判、不质疑的态度去面对新鲜的观点。这些内容都被写进了本书，所以我认为我们这次做得不错。

最后，还要向我的妻子苏西·彼得森和儿子艾莫特·兰森致以感激和爱意。你们是我此生最好的礼物。别人可能会把所有都告诉我，而你们是我的所有。